ESTUDOS DE CASO

Dados Internacionais de Catalogação na Publicação (CIP)
(Câmara Brasileira do Livro, SP, Brasil)

Gomes Neto, José Mário Wanderley
  Estudos de caso : manual para a pesquisa empírica qualitativa / José Mário Wanderley Gomes Neto, Rodrigo Barros de Albuquerque, Renan Francelino da Silva. – Petrópolis: Vozes, 2024.

  Bibliografia.

  1ª reimpressão 2024

  ISBN 978-85-326-6693-2

  1. Dados – Análise 2. Estudo de casos 3. Metodologia 4. Pesquisa 5. Pesquisa qualitativa I. Albuquerque, Rodrigo Barros de. II. Silva, Renan Francelino da. III. Título.

23-170594   CDD-001.42

Índices para catálogo sistemático:

1. Pesquisa qualitativa : Metodologia   001.42

Tábata Alves da Silva – Bibliotecária – CRB-8/9253

ESTUDOS DE CASO

MANUAL PARA A PESQUISA EMPÍRICA QUALITATIVA

José Mário Wanderley Gomes Neto
Rodrigo Barros de Albuquerque
Renan Francelino da Silva

Petrópolis

© 2024, Editora Vozes Ltda.
Rua Frei Luís, 100
25689-900 Petrópolis, RJ
www.vozes.com.br
Brasil

Todos os direitos reservados. Nenhuma parte desta obra poderá ser reproduzida ou transmitida por qualquer forma e/ou quaisquer meios (eletrônico ou mecânico, incluindo fotocópia e gravação) ou arquivada em qualquer sistema ou banco de dados sem permissão escrita da editora.

CONSELHO EDITORIAL

Diretor
Volney J. Berkenbrock

Editores
Aline dos Santos Carneiro
Edrian Josué Pasini
Marilac Loraine Oleniki
Welder Lancieri Marchini

Conselheiros
Elói Dionísio Piva
Francisco Morás
Gilberto Gonçalves Garcia
Ludovico Garmus
Teobaldo Heidemann

Secretário executivo
Leonardo A.R.T. dos Santos

PRODUÇÃO EDITORIAL

Aline L.R. de Barros
Marcelo Telles
Mirela de Oliveira
Otaviano M. Cunha
Rafael de Oliveira
Samuel Rezende
Vanessa Luz
Verônica M. Guedes

Conselho de projetos editoriais
Isabelle Theodora R.S. Martins
Luísa Ramos M. Lorenzi
Natália França
Priscilla A.F. Alves

Editoração: Maria da Conceição B. de Sousa
Diagramação: Littera Comunicação e Design
Revisão gráfica: Lorena Delduca Herédias
Capa: Rafael Machado

ISBN 978-85-326-6693-2

Este livro foi composto e impresso pela Editora Vozes Ltda.

Para Luiza, Guilherme e Letícia.

Sumário

Apresentação, 9
Prefácio, 11
Introdução, 13

Parte I – Conhecendo o estudo de caso, 17

1 O que são casos?, 19
2 O que é uma pesquisa por meio de estudo de caso?, 28
3 Para que serve um estudo de caso?, 41
4 Quais problemas de pesquisa são adequados a um estudo de caso?, 45

Parte II – Realizando o estudo de caso, 53

5 Estudo de caso descritivo, 55
6 Estudo de caso explanatório (causal), 72
7 Estudo de caso exploratório, 89
8 Estudo de caso coletivo (comparativo ou múltiplo), 104

Referências, 126

Apresentação

Nos últimos anos, acompanhamos os avanços do campo das Ciências Sociais, na busca de um melhor entendimento sobre o impacto das mudanças internacionais, sobre a reorganização da estrutura política de vários países, e a emergência e o fortalecimento do papel de atores não governamentais.

As mudanças contemporâneas passaram a exigir dos pesquisadores revisões conceituais para compreender este novo mundo, mas também instrumentos mais sofisticados para conduzir análises mais precisas. Para além do avanço dos métodos quantitativos, a análise qualitativa buscou aperfeiçoar suas ferramentas de pesquisa, fazendo avançar vários estudos empíricos no campo da Ciência Política, do Direito e das Relações Internacionais.

A metodologia de estudos de caso, uma das mais utilizadas em pesquisas empíricas nestas áreas, precisou ser aperfeiçoada, tanto no que se refere às justificativas de seleção dos casos quanto ao detalhamento do procedimento de análise. Faz falta um livro que seja referência nessa discussão metodológica e oriente, de forma didática, os pesquisadores, alunos de pós-graduação e de graduação nas suas pesquisas.

Este livro, dividido em duas partes – uma mais teórica e outra focada em tipos de estudo de caso –, representa uma contribuição bastante relevante para fazer avançar a metodologia qualitativa, sobretudo porque tem a qualidade de apresentar os conceitos e as ferramentas de forma extremamente didática, fundamental para um manual de pesquisa.

O campo acadêmico carece de um livro de metodologia qualitativa capaz de despertar o interesse dos leitores e dar orientações didáticas para a condução de pesquisas científicas. Esta obra, ao apresentar os diferentes tipos de estudo de caso, e incluir exemplos de pesquisas publicadas que usam os estudos de caso como método de análise, tende a estimular pesquisadores a aperfeiçoarem suas pesquisas acadêmicas, buscando explicações plausíveis para os fenômenos políticos.

São Paulo, 31 de maio de 2023.

Janina Onuki
Professora titular do Departamento de Ciência Política da USP

Prefácio

A abordagem metodológica focada em casos é extremamente importante para a construção de conhecimento científico. Algumas das principais contribuições para a ciência podem ser classificadas como estudo de caso. Contudo, é possível notar muita confusão quanto ao que de fato se constitui como um estudo de caso e como realizá-lo de forma apropriada para produzir conhecimento rigoroso e de qualidade. Estudos de caso são sempre trabalhos descritivos? Focam em eventos únicos? Tratam de relatos pessoais? Estudos empíricos "rigorosos" e "científicos" necessariamente incluem muitos casos?

O livro *Estudos de caso – Manual para a pesquisa empírica qualitativa*, de José Mário Wanderley Gomes Neto, Rodrigo Barros de Albuquerque e Renan Francelino da Silva, dedica-se a apresentar de forma clara e didática, mas não menos rigorosa, o que devemos saber para conduzir um estudo de caso bem estruturado. O que é? Para que serve? Como se faz um estudo de caso? São algumas das perguntas que o livro responde de maneira completa.

Dividida em duas partes, a obra apresenta na primeira parte quatro capítulos explorando os elementos conceituais e teóricos da pesquisa com estudo de caso e na segunda parte mais quatro capítulos tratando da condução prática de estudos de caso. Essa divisão é fundamental para o treinamento completo de pesquisadores iniciantes ou já experientes que buscam compreender os fundamentos da pesquisa com estudo de caso e direcionamentos para o seu uso na prática da pesquisa empírica.

Partindo da definição de estudo de caso, para assim eliminar a principal fonte de confusão, os autores apresentam em seguida, de forma sequencial, os diferentes tipos de estudo de caso e suas aplicações na pesquisa empírica. Estudos de caso descritivo, exploratório, explanatório e também a pesquisa com múltiplos casos são apresentados com o auxílio da análise detida de estudos exemplares em diferentes áreas como o direito e as relações internacionais para que assim o leitor possa compreender o uso na prática. Além disso, cada capítulo se encerra com pontos importantes para ênfase, um cuidado pedagógico que ajuda enormemente o estudioso do tema.

Estudos de caso – Manual para a pesquisa empírica qualitativa é uma contribuição bastante oportuna que servirá de apoio para o trabalho de pesquisadores nas mais diferentes áreas das ciências humanas. Sua apresentação clara e didática, sem perder a precisão nos conceitos e rigor nas aplicações práticas torna o livro uma obra de referência para muitas gerações. A leitura prazerosa é uma grata surpresa nesse tipo de publicação. Os autores provam que não é porque trata de metodologia que um livro precisa ser complicado. Um belo caso a ser estudado.

Recife, 11 de julho de 2023.
Mariana Batista da Silva
Doutora em Ciência Política (UFPE)
Professora do Programa de Pós-graduação em Ciência Política da UFPE

Introdução

> *Existe uma tradição de pesquisa por estudo de caso em todas as disciplinas das ciências sociais, bem como em campos adjacentes nas ciências naturais (p. ex., medicina) e humanidades (p. ex., história).*
>
> Gerring, 2017, p. 3.

Frequentemente, fatos isolados ou pequenos grupos de ocorrências, por sua natureza e por suas características, muito nos mostram e nos ensinam sobre os cenários mais amplos, permitindo leituras mais profundas, teorizações e o detalhamento de informações e de condutas. Tais abordagens complementam as avaliações investigativas maiores, cujo propósito, dentre outros, é identificar relações entre variáveis e permitir inferências generalizantes sobre os comportamentos.

Nesse sentido, pesquisas empíricas são adequadas para a solução de problemas relacionados a fatos. Grandes grupos (universos) ou amostras estatisticamente significativas, ambos compostos por vários casos, são capazes de sistematizar e interpretar importantes informações quantitativas sobre os fatos cientificamente relevantes. Entretanto, não são as únicas leituras válidas sobre os casos a traçar caminhos para se extrair informações necessárias para a solução dos problemas de investigação: qualitativamente, a literatura nos oferta a metodologia dos estudos de caso, que, se executada corretamente, pode produzir informações profundas sobre os fatos. Não nos faltam exemplos de relevantes e exitosas pesquisas que se basearam em estudos de caso.

Após ter realizado uma viagem de trabalho para conhecer o sistema prisional norte-americano, o francês Alexis de Tocqueville trouxe importantes notícias sobre as instituições políticas norte-americanas e sobre o então funcionamento de seu sistema democrático, as quais foram sistematizadas e reunidas em um conhecido estudo de caso, *A democracia na América* (2019).

Em seu trabalho fundamental intitulado *A ética protestante e o espírito do capitalismo*, publicado originalmente em 1904, Max Weber (2020) pesquisou a relação entre a ética do protestantismo ascético e a emergência do espírito do capitalismo. Ao testar a hipótese de que as ideias religiosas de certos grupos (a exemplo dos calvinistas) desempenharam um papel no "espírito capitalista", ele observou uma associação entre ser protestante e estar envolvido em negócios, apontando a religião como relevante fator para o entendimento das relações econômicas e suas consequências sociais e políticas. Seu trabalho foi efetivado por meio de um estudo de caso, a partir de suas impressões pessoais coletadas durante viagem à cidade de Saint Louis, no Estado do Missouri, nos Estados Unidos.

Por sua vez, Robert Putnam (2015), a partir dos resultados de um estudo de caso sobre o engajamento político dos norte-americanos, demonstrou que o capital social (definido como as conexões entre as redes sociais dos indivíduos e as normas de reciprocidade e confiabilidade que surgem delas) aumentou nos Estados Unidos durante certo período (1900 a 1960), diminuindo intensamente nos períodos seguintes, identificando correlação com fatores como sucessão geracional e as crescentes pressões individuais e coletivas por dinheiro e por tempo de qualidade.

A partir daí, Robert Dahl (2005) realizou pesquisa via estudo de caso sobre o pleito eleitoral de 1953 na cidade de New Haven, Connecticut, por meio da qual identificou que a dispersão do poder está associada à inclusão e à definição de quem efetivamente governa passa por arranjos entre grupos e lideranças, mediados pela atuação das instituições estatais. O resultado dessa pesquisa foi publicado em *Who governs? Democracy and power in an American city*, uma das grandes obras da Ciência Política empírica do século XX.

Além dessas famosas referências, várias outras são encontradas na literatura sobre pesquisas realizadas a partir de estudos de casos, que posteriormente se converteram em relevantes trabalhos, com significativo impacto em suas respectivas áreas de conhecimento. Recorreremos a algumas delas ao longo deste livro, para ilustrar como o estudo de caso é desenvolvido.

Então, bastaria (para uma pesquisa qualitativa a partir de um estudo de caso) escolher um acontecimento interessante (consequentemente bem recebido pelo seu público, pelos periódicos e/ou por seus examinadores) e reproduzir algumas características e elementos do respectivo contexto? *Não.*

Não se trata apenas de descrever ou de comentar um fato ocorrido, aleatória ou subjetivamente escolhido; *isso vai além de simplesmente transformar o pesquisador num bom contador de histórias*. Da mesma forma, também não se trata de apenas reproduzir e/ou comentar decisões judiciais ou administrativas, cujo resultado confirma as posições ou as opiniões de quem está escrevendo o texto que se pretende ser uma pesquisa científica.

Trata-se de uma tradicional e bem-fundamentada técnica de pesquisa qualitativa, submetida a critérios e a parâmetros específicos, desenvolvidos em seu campo e registrados pela literatura, pela qual é possível aprofundar o conhecimento sobre relevantes fenômenos-objeto de estudo e, em algumas situações, até produzir teorias testáveis e afirmações generalizadas, dentro dos limites inferenciais qualitativos de cada estudo.

Este livro, dividido em duas partes, uma conceitual (conhecer) e outra técnica (realizar), busca ambientar o(a) leitor(a) (iniciante ou experiente) nesta importante ferramenta de pesquisa qualitativa, na sua natureza e em seus conceitos fundamentais, bem como suas principais espécies e respectivas hipóteses de aplicação.

Boa leitura!

Os autores

Parte I
Conhecendo o estudo de caso

1
O que são casos?

> *Muitas pesquisas qualitativas são baseadas em estudos de caso ou uma série de estudos de caso, e muitas vezes o caso (sua história e complexidade) é um contexto importante para a compreensão do que é estudado.*
> Flick, 2007, p. x.

Phineas Gage, um operário de 25 anos, trabalhava na construção de uma ferrovia em Vermont, nos Estados Unidos, em setembro de 1848. Phineas utilizava uma peça de ferro para socar pólvora em um buraco com a finalidade de explodir uma pedra no caminho da ferrovia, quando pequenas fagulhas irromperam do movimento de sobe e desce da barra de ferro e o buraco explodiu antes da hora. A peça, que media pouco mais de um metro de comprimento e em torno de três centímetros de diâmetro, foi arremessada pela explosão, entrando pela bochecha esquerda de Phineas e saindo do lado direito do topo da sua cabeça, destruindo seu olho esquerdo e atingindo a parte frontal esquerda do seu cérebro.

Phineas não apenas sobreviveu, como também se levantou rapidamente, conversou com seus amigos e dirigiu-se a um veículo com suas próprias pernas para ser levado a um médico. Tendo perdido muito sangue e sofrendo algumas sequelas imediatas do acidente, como infecções bacterianas e fúngicas no local da ferida, ele foi submetido a pequenas cirurgias e permaneceu em estado semicomatoso por algumas semanas. Mas, em novembro do mesmo ano, Phineas já estava de volta à vida normal. Na verdade, não tão normal.

Segundo documentado pelo seu médico à época, Dr. Harlow, Phineas sofreu drásticas mudanças de personalidade. Se, antes, ele era uma pessoa considerada gentil, educada e amável por todos, o acidente transformou Phineas numa pessoa rude, irritadiça, inconsequente e desrespeitosa com seus colegas e amigos. Gage tinha sofrido uma mudança brutal de personalidade após o acidente. A causa? Danos nos lobos frontais do cérebro, que, inclusive, foi a parte atingida severamente pela barra de ferro voadora.

Mas o que isso tem a ver com a técnica do estudo de caso? Phineas Gage[1] foi um dos casos pioneiros do que viria a se tornar a moderna neurologia e, embora não tenha sido a primeira vez que estudos de caso foram realizados na Medicina, ainda é um dos casos mais bem documentados, mais citados e mais estudados como demonstração da importância de estudar casos clínicos para a compreensão de fenômenos recorrentes. É, também, um estudo de caso tão emblemático, que costuma ser citado até mesmo em manuais de metodologia não dedicados à área médica (cf., p. ex., Gil, 2009).

Um dos fatores que torna o caso de Phineas Gage tão distinto, é o seu enfoque qualitativo. Por se tratar de um caso único, possivelmente o primeiro caso de documentação e publicização de alterações de humor, personalidade e comportamento, decorrentes de danos físicos ao cérebro, não havia uma quantidade numerosa de casos a serem analisados. Apesar de a Estatística ter sido fundada no século XVII, a ausência de outros casos semelhantes documentados não permitia uma análise quantitativa sobre o fenômeno, sendo necessário, portanto, recorrer à pesquisa qualitativa.

Quando se fala em pesquisa qualitativa, é muito comum fazermos associações mentais a estudos que tratam de uma ou poucas unidades de análise (ou, como é conhecida na língua inglesa, *small-n*), em contraponto a estudos quantitativos caracterizados por investigar imensas

---

1. Mais detalhes desta história podem ser encontrados em Teles Filho, 2020.

populações (universos ou totalidade dos eventos) ou amostras representativas de frações matematicamente significativas (que, em língua estrangeira, é chamado de *large-n*), capazes de produzir inferências estatísticas válidas e generalizantes sobre os eventos pesquisados. Um tradicional e muito eficiente instrumento para a resolução de problemas de pesquisa qualitativos é *a pesquisa por estudo de caso*, principalmente quando se trata de compreender com profundidade um determinado e isolado evento, fenômenos raros ou um conjunto de poucos eventos.

Seriam eventos aleatoriamente encontrados ou subjetivamente escolhidos? *Nem um nem outro*. A *identificação* do caso, conforme parâmetros lógicos que assegurem a representatividade do evento frente ao objeto de estudo, é condição essencial para a validade da pesquisa proposta. Naturalmente, isso é especialmente relevante quando estamos falando de fenômenos com muitas ocorrências, mas menos relevante quando estamos falando de fenômenos raros.

No sentido específico que lhes atribui a literatura sobre pesquisa empírica qualitativa, o que são *casos*? Encontramos uma diversidade complementar de definições. Segundo Almeida (2016, p. 61), casos seriam "[...] acontecimentos, agentes e situações complexos, com dimensões variáveis em interconexão". Por sua vez, Machado (2017, p. 357) vê o caso como uma construção intelectual, representativa de um fenômeno a ser estudado, num contexto específico, a partir das informações que revela sobre o objeto. Já para Vennessom (2008, p. 226) casos seriam "[...] fenômenos ou eventos definidos e estudados empiricamente como manifestações de uma classe mais ampla de fenômenos ou eventos". Em suma, "[...] um caso representa um fenômeno, espacial e temporalmente delimitado, com relevância para a teoria" (Gerring, 2017, p. 27).

Em comum, todas as tentativas de definição e de explicação da ideia de caso (para a pesquisa empírica qualitativa) expressam o seu *caráter procedimental*, como se pode observar na tabela seguinte, cujo conteúdo foi extraído da literatura referência sobre o tema:

Tabela 1 – Definições de "caso" presentes na literatura

Autor(a)	Definição
King, Keohane, Verba, 1994	"[...] um fenômeno do qual nos reportamos e interpretamos uma única medida de qualquer variável pertinente."
Mjsøset, 2009	"[...] um caso é um desfecho precedido por um processo que se desenrola no tempo."
Simons, 2009	"[...] uma situação ou um fenômeno em seu contexto [...]."
Stake, 1999	"Quando trabalhamos nas ciências sociais e serviços humanos, é provável que [o caso] seja um alvo que tenha até uma 'personalidade'. O caso é um sistema integrado."
Yin, 2003	"[...] algum evento ou entidade [...] uma unidade de análise [...] definida e delimitada [...]."

Fonte: Elaboração dos autores, para efeitos didáticos.

Deste breve conjunto de definições pode ser extraído o roteiro do processo de identificação e de escolha do(s) caso(s) a ser(em) objeto de pesquisa no estudo que será realizado:
- casos são acontecimentos, agentes e situações;
- estes devem ser representativos da classe mais ampla de fatos da mesma natureza;
- devem estar conectados à literatura sobre o tema de onde foi extraído o problema de pesquisa;
- devem oferecer informações capazes de serem utilizadas na construção de uma resposta ao problema de pesquisa;
- devem estar delimitados no tempo e no espaço.

A partir destes parâmetros, o pesquisador assume o ônus (*e.g.*, em seu projeto de pesquisa, artigo, dissertação ou tese) de identificar devidamente o caso (com riqueza de detalhes e foco na sua distinção em relação aos demais), justificar sua escolha (quanto à relação com o problema de pesquisa, à representatividade e à presença de informações relevantes), assim como delimitar os contextos espacial e temporal nos quais estaria inserido o caso.

> [...] a constituição da unidade-caso é necessariamente intencional na medida em que é orientada por um problema a ser resolvido e de um ponto de vista teórico e/ou prático. Portanto, as fronteiras do caso não são dadas pela realidade ela mesma, mas são construídas a partir das questões de pesquisa (Almeida, 2016, p. 66).

Tabela 2 – Critérios essenciais para a escolha dos casos

Natureza	Identificação	Quem? Qual?
Justificativa	Relevância para a literatura	Por que foi escolhido?
Corte espacial da pesquisa	Delimitação espacial	Onde?
Corte temporal da pesquisa	Delimitação temporal	Quando?

Fonte: Elaboração dos autores com base em Gerring, 2017.

Observado este procedimento, necessário para garantir a validade lógico-formal do estudo qualitativo a ser desenvolvido pelo pesquisador, qualquer fato ou conjunto de fatos pode vir a se tornar *um caso* e oferecer informações relevantes para responder ao problema de pesquisa. A ideia de caso, tal como adotada pela ferramenta de pesquisa qualitativa objeto deste livro, é *procedimental* (e por isso *não é ontológica*): isso significa que sua definição *não se dá pela natureza do objeto* (necessariamente excludente), mas pela obediência à sequência de procedimentos a serem observados na escolha daquilo que será submetido ao estudo de caso.

> O importante [para o estudo de caso] é a unidade de análise articular um conjunto de interações relacionadas entre si, configurando um caso passível de investigação científica. Em outras palavras, o caso implica uma variedade de dimensões que demanda estratégias de investigação plurais (Almeida, 2016, p. 62).

Tal característica confere ao pesquisador uma liberdade extremamente ampla quanto à definição de seu objeto de investigação, materializado na categoria "caso" (ou conjunto de "casos"). Respeitadas as formalidades inerentes a este tipo de pesquisa, qualquer fato ou fenômeno pode, a princípio, ser transformado artificialmente em uma unidade de investigação (*casing*).

> [...] transformar algo em um caso ou "casing" pode trazer um fechamento operacional para alguma relação problemática entre ideias e evidências, entre teoria e dados (Ragin, 1992, p. 225).

Da mesma forma, a escolha dos casos que serão submetidos à análise *não segue a mesma lógica da inferência estatística por amostragem* (própria dos estudos quantitativos), sujeita a regras de validade de natureza matemática; mas sim, uma lógica inferencial *qualitativa*, relacionada à *suficiência* do caso (ou dos casos) para o fornecimento das informações necessárias à resolução do problema de pesquisa. Em suma, não é imprescindível calcular uma amostra estatisticamente representativa da população dos eventos estudados para se realizar um estudo de caso (Gerring, 2017, p. 48-52)[2].

Desde o comportamento de um grupo à trajetória de um agente político relevante, passando por uma decisão judicial ou percepções sobre a corrupção, uma multiplicidade de fatos (casos) pode ser abordada por meio desta categoria.

Qualquer que seja a definição de um caso, ele deve compreender os fenômenos que um argumento tenta descrever ou ex-

---

[2]. Quando os problemas de pesquisa, por sua natureza e complexidade, exigirem, além de interpretações e de explicações, também a presença de generalizações e de relações causais, será possível utilizar os chamados *métodos mistos* (também referidos na literatura brasileira com a expressão *quali-quanti*), nos quais se observa a construção de uma inferência plural, reunindo o melhor dos dois mundos. • "Existe uma crescente institucionalização das pesquisas integradas, tanto no que se refere ao volume da produção – em termos de artigos, livros, teses, e, outras formas de pesquisa – como na criação de incentivos institucionais e organizações para promover a difusão e estabilidade da crença de que os desenhos de pesquisa integrados representam um 'tipo ideal' a ser perseguido na construção das explicações e da geração de pesquisa de maior qualidade. [...] Este compartilhamento permite integrar, da forma mais eficiente possível, os pontos positivos dos diferentes métodos. Esta integração, mesmo enfrentando os usuais desafios de incomensurabilidade paradigmática, cria as condições para complementar os elementos potenciais de cada abordagem e gerar inferências causais superiores àquelas que qualquer um dos métodos pode oferecer isoladamente" (Rezende, 2014, p. 59; 61).

plicar. Em um estudo sobre estados-nação, os casos são compostos de estados-nação. Em um estudo que tenta explicar o comportamento dos indivíduos, os casos são compostos por indivíduos. E assim por diante (Gerring, 2017, p. 27).

Portanto, o caso, como unidade de análise, *pode se materializar de muitas formas*, tal como variam também os problemas de pesquisa, as hipóteses, a literatura sobre o tema, as categorias analíticas e as informações por ele oferecidas, sendo possível encontrar exemplificadamente na literatura um vasto espectro de casos. Vejamos!

No artigo "Escolha Institucional e a difusão dos paradigmas de política: o Brasil e a segunda onda de reformas previdenciárias", Marcus André Melo (2004) investigou os mecanismos por meio dos quais são operadas mudanças institucionais e a forma como ocorre a difusão de políticas no Brasil, especialmente em temas sensíveis, envolvendo direitos sociais, com foco na relação entre o Congresso Nacional e o Executivo. Em sua pesquisa, o caso foi delimitado como sendo *um conjunto específico de emendas constitucionais*, aprovadas num determinado período de tempo.

Por sua vez, Zairo B. Cheibub (2000) realizou o estudo de caso "reforma administrativa e relações trabalhistas no setor público: *dilemas e perspectivas*", no qual estudou *as negociações* entre o Ministério da Administração e Reforma do Estado (Mare) e um grupo de Entidades Associativas (EAs) que constituíram o Fórum das Carreiras Típicas de Estado (Fcte), descobrindo que o fracasso dessas conversações poderia ser explicado pela baixa institucionalização dos canais de interação entre governo e EAs e por processos político-organizacionais.

Gomes *et al.* (2020), no escopo de avançar na explicação dos processos decisórios colegiados no Supremo Tribunal Federal e da influência de fatores extrajurídicos na formação das decisões judiciais (dentro do contexto da pandemia da covid-19), estudaram o precedente que resolveu o conflito federativo sobre quais entes teriam poder para decidir sobre as medidas de contenção à circulação de pessoas e respectivas intensidades, sendo seu caso composto pelo *inteiro teor de um único acórdão (decisão judicial colegiada)*.

Em um estudo de caso múltiplo (via QCA) sobre as condições relacionadas à existência de foro privilegiado nos países da América Latina, Oliveira *et al.* (2022) trabalharam com *19* ocorrências, cada uma equivalente *a um país* do aludido bloco regional.

Para dar conta da análise das questões institucionais presentes no período de implantação dos Juizados Especiais Criminais na Comarca de Porto Alegre, a partir de uma perspectiva sociológica, Azevedo (2001) adotou a metodologia do estudo de caso múltiplo, observando como ocorrências todas as *audiências realizadas nesses juizados*, nos meses de junho a outubro de 1998.

Dinu e Mello (2017) objetivaram compreender os níveis de discricionariedade quanto à distinção entre os usuários de entorpecentes e traficantes, utilizando a metodologia do estudo de caso, no qual sua unidade de análise foi *uma única sentença judicial*, proferida por juíz de direito de uma comarca do interior de Pernambuco.

Romeu Gomes *et al.* (2007), no artigo "Êxitos e limites na prevenção da violência: estudo de caso de nove experiências brasileiras", estudaram *nove programas estaduais de prevenção à violência*, triangulando seus respectivos métodos, êxitos e dificuldades, de modo a projetar um panorama das políticas públicas subnacionais que lidam com a violência.

Já Rodrigo Melo (2018) escolheu a ferramenta do estudo de caso para testar o cumprimento da legislação sobre parcerias público-privadas, analisando a concessão do estádio *Arena Pernambuco*, pelo confronto entre o *texto do respectivo contrato* e as expectativas da literatura e das respectivas normas reguladoras administrativas.

No campo das Relações Internacionais, Silva (2015) examinou e analisou comparativamente, por meio de estudo de caso com *process tracing*, *as políticas de desenvolvimento das indústrias de defesa* (documentos) do Brasil, da Rússia, da Índia, da China e da África do Sul (Brics) com o fim de averiguar os tipos de relações mantidas por estes países com as suas próprias indústrias bélicas.

Casos também podem ser análises de textos, tratados como dados. Rocha, Albuquerque e Medeiros (2018) analisaram a presença dos conceitos de América Latina e América do Sul nos discursos proferidos pela diplomacia brasileira entre 1995 e 2014, com o objetivo de examinar quais desses conceitos foram privilegiados pelos presidentes do período. Recorrendo à técnica de análise de conteúdo automatizada e *tratando como caso a instrumentalização de conceitos pela diplomacia brasileira em seus discursos*, foram analisados 6.523 pronunciamentos, entendidos aqui como *observações* do caso específico.

Finalizando os exemplos, Mesquita (2021) examinou quais os fatores que explicam a aceitação ou a rejeição de lideranças regionais *tomando como estudo de caso o Brasil e a América do Sul* ao longo de um período de 20 anos e cinco governos presidenciais, de 1995 a 2015.

No próximo capítulo trataremos do que, efetivamente, é uma pesquisa que mobiliza a técnica de estudo de caso, objetivando distinguir entre aquelas pesquisas que meramente se enunciam como estudos de caso e aquelas que realmente empregam esta ferramenta de pesquisa.

É importante lembrar!

• "Casos" são construções teóricas procedimentais; isto é, respeitada a sequência de procedimentos formais de escolha (dos quais é condição de validade), qualquer coisa pode ser objeto de um estudo de caso, desde que: *1) seja qualitativa a pergunta de pesquisa (problema); 2) o "caso" escolhido contenha informações que possam contribuir para sua resposta.*

• A escolha dos casos não segue a lógica da inferência estatística por amostragem, mas, sim, uma *lógica inferencial qualitativa*, relacionada à *suficiência do caso* (ou dos casos) para o fornecimento das informações necessárias à resolução do problema de pesquisa. *Não é preciso calcular e depois sortear uma amostra estatisticamente representativa da população dos eventos estudados.*

• Entretanto, é preciso tomar cuidado na formulação de afirmações generalizantes a partir do caso (ou conjunto de casos), pois pode se tratar de um *outlier (caso atípico)*, que possa influenciar interpretações equivocadas.

2
O que é uma pesquisa por meio de estudo de caso?

> *Você conhece meu método. Baseia-se na observação de ninharias.*
> Sherlock Holmes
> (*O mistério do Vale Boscombe*. Doyle, 2013)

O notório detetive da literatura britânica solucionava seus casos – isto é, preenchia lacunas quanto à autoria e à motivação de crimes ocorridos – a partir da investigação de detalhes, aparentemente isolados entre si, reconstruindo nexos causais, trajetórias e relações sociais. Sherlock Holmes não se preocupava, por exemplo, com estudar as causas gerais aplicáveis supostamente a todos os homicídios ocorridos na cidade de Londres, mas se centrava na melhor e mais profunda explicação sobre aquele homicídio, que ora se estava investigando. Guardadas as devidas distinções, há semelhanças lógicas entre as atividades do detetive e aquelas do pesquisador que irá realizar um estudo de caso. *Tomemos as seguintes situações hipotéticas.*

Um pesquisador e seu orientador de iniciação científica identificaram um conjunto de documentos com potencial de explicar um relevante aspecto da política externa brasileira. Três pesquisadoras, em um projeto de cooperação científica, vão comparar, em perspectiva regional, características de políticas públicas de educação nos seus respectivos países. Certo doutorando identificou uma trajetória de informações que irá compor o caso objeto de sua tese. Uma professora separou cópias de um conjunto de prontuários médicos para estudar as condições de trabalho dos profissionais de saúde lotados em um hospital público de determinado município.

> **Quais seriam os próximos passos da investigação?**

O(A) pesquisador(a) que já escolheu o fato ou fenômeno que será investigado (*caso*), a partir dos critérios apresentados no capítulo anterior, pergunta-se:

> - "O que eu vou fazer com isso?"
> - "Qual seria a técnica adequada para responder ao problema de pesquisa a partir da uma análise empírica *small-n* (uma ocorrência ou pequeno conjunto de ocorrências)?"
>
> Estas são deixas para a *pesquisa empírica qualitativa por estudo de caso*.

Uma vez definida qual a unidade de análise da pesquisa qualitativa pretendida – ou seja, o(s) caso(s) a serem estudados –, o passo seguinte é realizar a análise propriamente dita. *Mas o que é um estudo de caso?* É uma ferramenta ou técnica capaz de extrair relevantes informações a partir das particularidades de nosso objeto de estudo. Como dito anteriormente, consiste numa *tradicional técnica de pesquisa empírica qualitativa*, executada conforme *procedimentos e requisitos de validade* previstos na literatura específica e *capaz de produzir sofisticadas inferências qualitativas* para a resolução de diversos problemas de pesquisa.

Trata-se da "[...] investigação de um caso específico, bem delimitado, contextualizado em tempo e lugar para que se possa realizar uma busca circunstanciada de informações" (Ventura, 2007, p. 384). Mostra-se como a maneira formalmente adequada de se colher, a partir do caso, os dados relevantes, de modo a serem analisados e interpretados qualitativamente, como fontes de respostas para o problema de pesquisa.

Gerring (2004, p. 342) apresenta o estudo de caso como "[...] um estudo intensivo de uma única unidade com o propósito de compreender uma classe maior de (semelhantes) unidades". De forma similar, Ragin (2009, p. 225) nota que o estudo de caso limita o mundo empírico a um caso específico, conectando-o a ideias teóricas, como "um produto intermediário no esforço de vincular ideias e evidências".

É a atividade científica de minerar informações relevantes do caso (por meio das técnicas adequadas), compará-las com categorias previstas na literatura sobre o tema estudado, analisá-las a partir do contexto, das estruturas e dos mecanismos do próprio caso e oferecer respostas ao problema de pesquisa, construídas a partir desta sequência lógica qualitativa: *extração, comparação e análise*. Parte do "[...] pressuposto é que o estudo intenso de um fenômeno complexo, segundo diferentes perspectivas, é capaz de revelar planos estruturais que também podem ser encontrados em outros casos" (Almeida, 2016, p. 60).

Tabela 3 – Os três passos da pesquisa qualitativa por estudo de caso

Extração	Comparação	Análise
Buscar no(s) caso(s) as informações (dados) relevantes que possam contribuir para a solução do problema de pesquisa, dentro do recorte proposto.	Confrontar os dados encontrados com as expectativas da literatura sobre o tema, especialmente as categorias de análise pré-definidas.	Construir uma explicação para o fenômeno estudado, a partir das informações extraídas e da comparação entre os dados esperados e encontrados, dentro de cada categoria, focando nos processos, mecanismos e relações causais.

Fonte: Elaboração dos autores, para efeitos didáticos.

O estudo de caso é a ferramenta adequada para se obter corretamente inferências qualitativas sobre o objeto de estudo, a partir de um caso único ou de um caso composto por múltiplas ocorrências. Extraem-se deste as informações (dados), compara-se com as categorias e/ou expectativas da literatura e se analisam os resultados frente à construção da resposta ao problema de pesquisa qualitativa. Desenhos de pesquisa com estudos de caso, assim, dependem do contexto em que existem e "são utilizados para a produção de conhecimento específico e descritivo" (Rezende, 2011, p. 307).

A opção pelo estudo de caso confere ao/à pesquisador(a) qualitativo(a) maior controle sobre os contextos nos quais as informações são obtidas e sobre a profundidade da interpretação, consequentemente, também da análise destas informações. Há, aqui, um *trade-off* evidente: controle, especificidade e profundidade maiores na resolução das questões de investigação, em troca de menor capacidade de generalização dos achados empíricos e ausência de explicações causais quantitativas. O desafio é reconhecer e desvendar o significado específico do caso, enquanto se extrai conhecimento generalizável real ou potencialmente relacionado a outros casos (Vennesson, 2008).

Há algumas características importantes que precisam ser identificadas na pesquisa por estudos de caso. Uma vez identificadas, é possível qualificar sua pesquisa como um estudo de caso sem deixar espaço para dúvidas. São elas: a sua natureza empírica e qualitativa e a sua definição como técnica de pesquisa e não de ensino e aprendizagem. Tratamos dessas características nos subtópicos a seguir

2.1 Natureza *empírica* da pesquisa por estudo de caso

> [...] o estudo de caso é um sofisticado exercício de pesquisa empírica [...].
> Almeida, 2016, p. 70.

Um estudo de caso não se relaciona com especulações teóricas sobre um tema, nem se debruça para encontrar ocorrências que confirmem opiniões pessoais de quem o realiza. É um instrumento científico que essencialmente lida com fatos do mundo real: por meio dele, *informações são retiradas de fenômenos concretos a serviço de responder ao problema de pesquisa*. Neste sentido, não é possível afastar o estudo de caso da *dimensão empírica* em que está situado.

Imaginemos que seu trabalho estuda o conteúdo de normas, a reflexão ético-filosófica sobre conceitos ou como deveria ocorrer certo fenômeno social: então, *categoricamente ele não é um estudo de caso!* Não importa, por exemplo, quais condutas estariam previstas na norma ou qual o procedimento que se espera do legislador na aprovação de um projeto de lei, nem as expectativas da literatura sobre o tema; importa, na verdade, qual a conduta efetivamente tomada pelo agente estudado ou a trajetória de fatos efetivamente percorrida até a aprovação da lei.

Conforme observaram Hamel *et al.* (1993, p. 16) "os detalhes empíricos que constituem o objeto em estudo são considerados à luz das observações feitas no contexto". É pressuposto para a utilização do estudo de caso como ferramenta de pesquisa qualitativa que o problema de pesquisa seja *empírico*; isto é, lide com a solução de questões relacionadas a fatos do mundo concreto.

É comum encontrar na literatura trabalhos (inclusive publicados em periódicos científicos) que disseram expressamente ter realizado um estudo de caso e não ser encontrada a referida pesquisa em nenhum ponto do trabalho. O artigo ou projeto de pesquisa *que se afirme como um estudo de caso,* mas se limite a descrever um conjunto normativo, a examinar a formação histórica de uma instituição e suas funções ou fazer mera revisão de literatura sobre um tema, *não corresponde ao tipo de pesquisa afirmado*. Infelizmente, essa prática é bastante comum na produção acadêmica, sendo relativamente fácil encontrar pesquisas que são identificadas pelos seus autores como estudos de caso, mas não adotam nenhum dos procedimentos aqui descritos para enquadrar um estudo como tal, limitando-se a escolher um exemplo de fenômeno de seu interesse e descrevê-lo com níveis variados de detalhamento e profundidade.

Por outro lado, um estudo de caso bem realizado, conforme os parâmetros formais da pesquisa empírica qualitativa, tem enorme potencial de realizações.

Por incoerência lógica e por insuficiência de informações relevantes à resolução do problema de pesquisa, seu uso é *inadequado* quando meramente ilustrativo em pesquisas teóricas puras, naquelas em que se discutem interpretações de norma, chamadas dogmáticas no mundo jurídico, ou como base argumentativa de ensaios[3], sustentando uma opinião ou resposta pré-definida por quem conduz o trabalho supostamente científico.

Se as informações empíricas retiradas do caso não estão sendo usadas, naquela ocasião, para responder ao problema de pesquisa, simplesmente não há ali um estudo de caso. Mostrar dados, coletados por si ou por terceiros, apenas como reforço argumentativo ou exemplificativo de um trabalho teórico ou de um ensaio, *não o torna empírico, tampouco permite as inferências causais e/ou explicativas próprias dos estudos de caso.*

> - Há estudo de caso apenas quando se coletam informações concretas a partir de um fato concreto (caso).
> - Estas informações concretas (empíricas) servirão para solucionar a questão de pesquisa.

O estudo de caso é uma investigação aprofundada. Por conseguinte, utiliza diferentes métodos para recolher vários tipos de informação e para fazer observações. Esses são os materiais empíricos por meio dos quais o objeto de estudo será com-

---

3. É importante distinguir entre ensaios e artigos científicos. Artigos científicos possuem estrutura própria (IMRaD – Introdução, Métodos, Resultados e Discussão), e, como alertamos sobre o estudo de caso, também envolvem uma preocupação com o mundo empírico. Ensaios, por sua vez, servem à defesa de um argumento teórico e/ou filosófico, frequentemente voltado para questões normativas e/ou conceituais. Ainda que o ensaio frequentemente aborde questões importantes para a ciência básica e tenha seu lugar garantido na prática acadêmica, não são trabalhos científicos em sentido estrito.

preendido. O estudo de caso baseia-se assim numa grande riqueza de materiais empíricos, notadamente pela sua variedade (Hamel *et al.*, 1993, p. 45).

Nesse sentido, Hamel *et al.* (1993, p. 45) informam que o estudo de caso "utiliza diferentes métodos para recolher vários tipos de informação e para fazer observações". São esses materiais empíricos que conferem ao(à) pesquisador(a) a capacidade de oferecer contribuições efetivas para a compreensão qualitativa dos fenômenos pesquisados, pois "[...] casos intensamente estudados são explorados para qualquer informação que pareça relevante para uma questão de pesquisa" (Gerring, 2017, p. 50).

2.2 Natureza *qualitativa* da pesquisa por estudo de caso

> *A pesquisa qualitativa leva a sério o contexto e os casos para entender uma questão em estudo.*
> Flick, 2007, p. x.

A lógica da pesquisa por estudo de caso sempre é *qualitativa*, pois adequada à resolução de problemas de pesquisa qualitativos, não se submetendo às exigências formais estatísticas, tampouco às peculiaridades das pesquisas empíricas quantitativas. Se, por um lado, há perdas informacionais quanto à capacidade generalizante das inferências e das explicações causais, por outro, há notáveis ganhos quanto à explicação profunda e detalhada do fenômeno estudado, via caso ou conjunto de casos.

> O qualitativo deve-se, em boa medida, à forma como as unidades de observação são escolhidas e estruturadas, ao tipo de conhecimento aprofundado a ser produzido pelos casos e à relativa indistinção entre objeto e contexto (Almeida, 2016, p. 65).

Segundo Rezende (2011, p. 314), os desenhos de pesquisa na tradição da análise estatística (quantitativa) e na pesquisa própria dos estudos de caso (qualitativa) diferem nas seguintes dimensões essenciais: I) a natureza e o tipo de explicação proposta; II) concepção de causação; e III) os métodos utilizados para teste de teorias.

Quanto à *natureza e o tipo de explicação proposta* (I), pesquisas qualitativas estudam as causas dos efeitos; isto é, procura-se um nexo de causalidade entre as causas suspeitas e o efeito observado. Pesquisas quantitativas, por sua vez, investigam os efeitos das causas; ou seja, o olhar do(a) pesquisador(a) se detém sobre a probabilidade de os efeitos estudados serem produzidos pela intervenção de uma ou mais causas específicas.

Já no que diz respeito à *concepção de causação utilizada* (II), estudos qualitativos costumam preocupar-se mais com configurações causais; isto é, um conjunto de condições necessárias e/ou suficientes que produzem o resultado de interesse. As pesquisas quantitativas, por outro lado, examinam grandes volumes de dados e relações entre as variáveis a fim de identificar possíveis efeitos de causação.

Por fim, diferem os conjuntos de *instrumentos metodológicos* utilizados por cada um para o teste de teoria (III): pesquisas qualitativas empregam uma variedade de estratégias de coleta e análise de dados qualitativos, a exemplo do rastreamento de processos, de entrevistas em profundidade e de exames de contrafactuais, entre outras técnicas que permitem essa análise mais detalhada do(s) caso(s) em estudo.

> [...] o estudo de caso não tem a pretensão de uma amostragem que culmine em uma generalização estatística, mas visa uma *generalização analítica*, em que certos mecanismos e dinâmicas do caso estudado operam de forma semelhante em outros casos, apesar das particularidades e diferenças contextuais de cada caso (Almeida, 2016, p. 64).

A abordagem qualitativa por estudo de caso mostra vantagens quando se trata de construir teorias e desenvolver explicações de relações empíricas (Law, 2012). Pesquisas quantitativas, por outro lado, recorrem a dados em grande volume, frequentemente observacionais, mobilizando técnicas estatísticas para testar a correlação entre variáveis e observar como se comportam as relações esperadas entre estas mesmas variáveis a fim de testar hipóteses sobre causação. Os estudos de caso seguem uma lógica diferente: suas várias técnicas permitem absorver informações sobre o objeto de estudo numa microdimensão em complemento e em cooperação com pesquisas quantitativas ou de métodos mistos, numa compreensão holística do problema de pesquisa.

2.3 Não confundir *a pesquisa por estudo de caso* com *a técnica de ensino e aprendizado por estudo de caso*

> Para fins de ensino, um estudo de caso não precisa conter uma interpretação completa ou acurada; em vez disso, seu propósito é estabelecer uma estrutura de discussão e debate entre os estudantes.
>
> Yin, 2001, p. 20.

Entre os anos de 1970 e de 1980, durante a crise econômica enfrentada pelo Brasil e em um esforço de equilibrar a balança de pagamentos do país, o governo brasileiro iniciou tratativas com o governo iraquiano. As tratativas, com auxílio da Petrobras, tinham dupla função: garantir um alto influxo de petróleo para o Brasil e exportar serviços de infraestrutura para o Iraque, auxiliando no equilíbrio da balança de pagamentos. As obras de infraestrutura realizadas no Iraque foram assumidas pela Construtora Mendes Júnior, atividade que se seguiu até pouco antes do início da Guerra do Golfo, em agosto de 1990. Devido ao inadimplemento dos contratos firmados e rupturas unilaterais, as atividades da Construtora em solo iraquiano cessaram ainda em 1987.

Com o início da guerra e os embargos econômicos impostos pela Organização das Nações Unidas ao Iraque e respeitados pelo Brasil, a Construtora se viu prejudicada por não poder auferir ganhos dos créditos obtidos junto ao governo iraquiano durante sua estadia em solo iraquiano, nos anos anteriores à guerra, em sua maioria por inadimplemento e ruptura unilateral de contratos. Estes créditos foram cedidos ao Banco do Brasil, mas em função da ausência do seu pagamento pelo Iraque e dificuldade de obter uma solução administrativa, instaurou-se uma guerra judicial entre a Construtora Mendes Júnior e o Banco do Brasil.

O caso "Mendes Júnior *vs*. Banco do Brasil" serve como base para uma discussão que vai bem além dos detalhes e desfechos dos choques jurídicos entre a Mendes Júnior e o Banco do Brasil, sendo um ponto de partida para a reflexão sobre qual o papel a ser desempenhado pelo governo em um Estado de Direito aparentemente firme, ou, ao menos, em fase de consolidação e integra o banco de casos da *Casoteca Latino-americana de Direito e Política Pública da FGV*, sendo utilizado como material didático na respectiva graduação em Direito (Gomes Júnior, 2011).

Essa metodologia de ensino e de aprendizagem ficou também conhecida pela denominação *estudo de caso* e é comumente praticada por muitas instituições de ensino superior, em diversas áreas, a exemplo de Medicina, Direito, Políticas Públicas e Negócios. Entretanto, *não guarda qualquer relação com o instrumento de pesquisa que ora se pretende aprofundar.*

É normal em vários idiomas que a mesma palavra ou a mesma expressão tenha sentidos distintos entre si. Num contexto, a palavra "grama" pode significar a unidade de medida de massa utilizada no sistema métrico; noutro contexto, "grama" pode se referir a uma espécie rasteira de planta, geralmente na cor verde, utilizada muitas vezes como piso esportivo e onipresente em jardins. O mesmo ocorre com a expressão "*estudo de caso*". Simultaneamente, este termo contém dois significados: a pesquisa por estudo de caso e a técnica de ensino/aprendizagem por estudo de caso. Enquanto o primeiro refere-se ao método de pesquisa empírica qualitativa de que trata este livro, o segundo contém os elementos de uma popular e muito efetiva metodologia ativa de ensino e aprendizagem, muito praticada em algumas áreas.

O estudo de caso como técnica de pesquisa e como técnica de ensino guardam semelhança apenas no nome e na ênfase em um objeto definido. De resto, são bastante diferentes. Estudos de caso como técnica de ensino não precisam se preocupar, por exemplo, com uma "apresentação justa e rigorosa dos dados empíricos" (Yin, 2001, p. 20).

Do universo da pesquisa científica (voltada a solucionar questões relevantes e a testar hipóteses) migra-se, nesta situação, para *o universo da didática* (principalmente do ensino superior), voltado à transmissão e fixação de conhecimentos, assim como ao desenvolvimento de competências e de habilidades.

Trata-se de uma técnica didática para unir o conhecimento temático (o quê) ao conhecimento sobre tomadas de decisão e solução (como?) de problemas práticos (Ellet, 2018). Não se tratou de uma substituição total ou ocasional das aulas tradicionais 100% expositivas, mas da introdução curricular de aulas ou disciplinas inteiras em que, mediante compromisso de leitura prévia de material sobre o tema a ser enfrentado, alunos e professores buscam subsídios técnicos para a tomada de decisões nas situações propostas, muitas vezes simulando ambientes profissionais nos quais os alunos pretendem ser inseridos futuramente.

> No entanto, para o conhecimento que você usará no mundo real – nos negócios, por exemplo, ou na engenharia ou medicina – o "o quê" não é suficiente. Você deve saber como aplicar o conhecimento no mundo real. Para isso, você precisa praticar em situações semelhantes às que você realmente encontrará. [...] O método expositivo geralmente não dá aos alunos a chance de praticar. No método do caso, você usa o conhecimento que aprendeu para chegar às suas próprias respostas (com a orientação de um especialista). O método permite respostas objetivamente erradas ou duvidosas porque fazem parte do aprendizado. O método do caso permite cometer erros e aprender com eles (Ellet, 2018, p. 11-12).

A identificação de um tratamento adequado para um paciente que apresenta um conjunto de sintomas, a partir de exames realizados; a sentença a ser proferida na solução de um conflito de interesses privados, em determinadas condições; a melhor condução de um processo de negociação entre dois países, visando evitar um incidente diplomático.

O ensino/aprendizagem por estudos de caso, como *espécie do gênero das metodologias ativas*, oferece-se como uma alternativa complementar às tradicionais aulas expositivas: situações (concretas e/ou hipotéticas) relacionadas ao tema estudado (abordado em leituras prévias) envolvem questões práticas e são submetidas aos grupos de alunos, que devem tomar decisões a partir das respectivas informações e evidências (Brem, 2010).

> **Processo de ensino/aprendizagem por casos**
>
> Ao se trabalhar com estudos de caso em aulas adota-se o seguinte procedimento:
> - Apresentação do caso e de seus antecedentes;
> - Coleta e análise de informações sobre o caso;
> - Tomada de decisão e argumentação (simulação do caso);
> - Discussão (em grupo) sobre os resultados;
> - Comparação com situações concretas.
>
> Fonte: Elaboração dos autores com base em Brem, 2010.

> As situações do mundo real não vêm com informações cuidadosamente selecionadas e classificadas que digam aos participantes o que está acontecendo e o que eles devem fazer a respeito. Para praticar o uso do conhecimento em situações reais, você precisa de alguma maneira de mergulhar tanto nos fatos disponíveis quanto na fluidez e incerteza que caracterizam o mundo real. É para isso que servem os casos (Ellet, 2018, p. 16).

Pelas razões expostas acima, a metodologia de *ensino e de aprendizagem, estudo de caso, não deve ser confundida* com a tradicional metodologia de *pesquisa* empírica qualitativa de mesmo nome e que aqui abordamos neste livro. A primeira, trata de uma técnica para se transmitir e para se absorver conhecimento previamente existente, dentro do ambiente de aprendizado, desenvolvendo competências necessárias ao futuro profissional; a segunda, é um caminho para produzir conhecimento científico novo, contribuindo para a solução de relevantes perguntas de pesquisa e para testar hipóteses da literatura sobre o tema estudado.

É importante lembrar!

• O estudo de caso é a atividade científica de minerar informações relevantes do caso (por meio das técnicas adequadas), compará-las com categorias previstas na literatura sobre o tema estudado, analisá-las a partir do contexto, das estruturas e dos mecanismos do próprio caso e oferecer respostas ao problema de pesquisa, construídas a partir desta sequência lógica qualitativa: *extração, comparação e análise*.

• O estudo de caso é um instrumento científico que essencialmente lida com fatos do mundo real; por meio dele, *informações são retiradas de fenômenos concretos para responder o problema de pesquisa*. Neste sentido, não é possível afastar o estudo de caso da *dimensão empírica*.

• Pesquisas quantitativas recorrem a dados em grande volume, frequentemente observacionais, mobilizando técnicas estatísticas para testar a correlação entre variáveis e observar como se comportam relações esperadas entre estas mesmas variáveis, a fim de testar hipóteses sobre causação. Os estudos de caso *seguem uma lógica diferente*: suas várias técnicas permitem absorver informações sobre o objeto de estudo numa microdimensão em complemento e em cooperação com pesquisas quantitativas ou de métodos mistos, numa compreensão holística do problema de pesquisa.

• A metodologia de *ensino e aprendizagem* (estudo de caso) não deve ser confundida com a tradicional metodologia de *pesquisa* empírica qualitativa (estudo de caso). A primeira, trata de uma técnica para transmitir e para absorver conhecimento previamente existente, dentro do ambiente de aprendizado, desenvolvendo competências necessárias ao futuro profissional; a segunda, *é um caminho para produzir conhecimento científico novo*, contribuindo para a solução de relevantes perguntas de pesquisa e para testar hipóteses da literatura sobre o tema estudado.

3
Para que serve um estudo de caso?

> *A generalização pode não ser totalmente desprezível, mas a particularização merece elogios. Conhecer particularidades fugazmente é saber quase nada. O que se torna compreensão útil é um conhecimento pleno e profundo do particular, reconhecendo-o também em contextos novos e externos.*
> Stake, 1978, p. 6.

Escolhidos os casos e definidas as técnicas de estudo de caso como estratégia de pesquisa, quais as contribuições que este instrumento pode oferecer à solução do problema proposto? Busca-se, por meio do conjunto de técnicas de que trata este livro, um conhecimento pleno e profundo das particularidades do evento estudado – o caso –, revelando seus mecanismos e suas circunstâncias, bem como os efeitos dos contextos sobre os seus elementos.

> [...] o objetivo é compreender e interpretar minuciosamente os casos individuais em seu próprio e especial contexto e encontrar informações sobre a dinâmica e os processos. Um estudo de caso também pode produzir hipóteses e ideias de pesquisa para estudos posteriores. [...] Seus pontos fortes estão na capacidade de obter o ponto de vista de um *insider* durante o processo de pesquisa, nas descobertas mais profundas e diferenciadas baseadas nisso e em sua flexibilidade no uso de diferentes técnicas (Aaltio; Heilmann, 2010, p. 66, 76).

Tomemos as seguintes situações hipotéticas. Um novo precedente judicial sobre um tema politicamente relevante, que, no seu contexto específico, interrompeu temporariamente uma longa e estável trajetória de decisões colegiadas de uma Corte sobre os conflitos daquela natureza. Eventos raros, como *impeachments* de presidentes da República, ocultam em suas particularidades as condições suficientes e/ou necessárias para a sua ocorrência. Uma aliança política importante com um país A, que acabou de iniciar uma guerra contra um país B, redirecionou toda a política externa de um país C.

As múltiplas técnicas que compõem os estudos de caso permitem justamente a apreensão empírico-qualitativa dos detalhes dos eventos selecionados para a solução do problema de pesquisa, a partir da extração de dados (transversais ou longitudinais) do(s) caso(s) objeto(s) da investigação.

Tabela 4 – Possibilidades de aplicação de um estudo de caso

	Caso único	**Múltiplos casos**
Dados transversais	Uma tensão interna em um cenário de pesquisa; comparando dimensões como objeto de pesquisa.	Comparando os casos nas dimensões selecionadas.
Dados longitudinais	Estudando a mudança nas dimensões selecionadas.	Comparando alterações entre os casos nas dimensões selecionadas.

Fonte: Aaltio; Heilmann, 2010, p. 70.

Dados transversais seriam informações referentes a uma categoria ou variável (dimensão) qualitativa, ou conjunto de variáveis qualitativas, colhidas do caso único ou do conjunto de casos, *dentro de um período de tempo pré-definido*. Nos respectivos desenhos de pesquisa, a categoria investigada é constante, ora aplicada durante a duração de caso único, ora explorada ao longo de um conjunto de ocorrências (casos múltiplos), inserido em um espaço temporal fixo. Busca-se uma "fotografia" ou "registro fiel" daquele momento específico e das informações relevantes ali contidas. Essa destinação das pesquisas por estudo de caso "[...] refere-se a situações em que muitos casos estão sendo usados para análise de casos sem variação temporal" (Shanahan, 2010, p. 267). Por que adotar um desenho de pesquisa com dados transversais? Porque eles auxiliam o pesquisador que não dispõe de recursos – financeiros, humanos, de dados ou temporais – para levantar dados longitudinais, permitindo-lhe acessar uma "amostra ampla e completa de elementos constituintes de casos relevantes" (Shanahan, 2010, p. 268), para estudar o objeto de pesquisa de interesse.

São exemplos hipotéticos: a) um *survey* em que o pesquisador coletaria informações de uma população ou de várias populações em um ponto fixo no tempo (Chmiliar, 2010, p. 125); b) um estudo transversal das habilidades de raciocínio das crianças coletaria dados em apenas um período de tempo e incluiria dados de diferentes crianças de 3, 4 e 5 anos (Shanahan, 2010, p. 267).

Por sua vez, *dados longitudinais* seriam informações sobre a uma categoria ou variável qualitativa ou conjunto de variáveis qualitativas, colhidas do caso único ou do conjunto de casos, comparando-as *ao longo de vários períodos de tempo*, podendo, ou não, configurar uma série temporal. São usados para examinar "a mudança, o ciclo de vida ou a história de uma unidade" (Aaltio; Heilmann, 2010, p. 69), tendo como sua fonte o estudo de um ou de vários casos.

Exemplos hipotéticos de estudos de caso longitudinais são: a) um estudo sobre a mudança organizacional ou institucional ao longo do tempo; b) um estudo longitudinal dos participantes de um relato coletivo ou retrospectivo de um processo social; e c) um estudo orientado a eventos, com foco em pessoas, processos ou rotinas.

Um exemplo clássico da literatura de Ciência Política que mobiliza *um estudo de caso único com dados longitudinais* é o estudo de Robert A. Dahl, *Who governs?* (2005), já mencionado em nossa introdução, no qual estuda a cidade de New Haven, no estado de Connecticut, buscando revelar as redes de poder e influência que governam a política na cidade.

Em comum, há sempre a busca por entender (de maneira aprofundada) seus objetos de pesquisa, a partir da análise das informações coletadas (dados), de modo a trazer à tona detalhes e nuances desconhecidos e/ou pouco explorados dos fatos concretos, que contribuam para resolver a questão qualitativa posta por quem investiga.

É importante lembrar!

- Busca-se, por meio do conjunto de técnicas de que trata este livro, um conhecimento pleno e profundo das particularidades do fenômeno estudado – o caso –, revelando seus mecanismos e suas circunstâncias, bem como os efeitos dos contextos sobre os seus elementos.
- As múltiplas técnicas que compõem os estudos de caso permitem justamente a apreensão empírico-qualitativa dos detalhes dos eventos selecionados para a solução do problema de pesquisa, a partir da extração de dados (transversais ou longitudinais) do(s) caso(s)-objeto(s) da investigação.
- *Dados transversais* seriam informações (dados) referentes a uma categoria ou variável (dimensão) qualitativa (ou conjunto de variáveis qualitativas), colhidas do caso único ou do conjunto de casos (ocorrências), *dentro de um período de tempo pré-definido*.
- *Dados longitudinais* seriam informações (dados) sobre uma categoria ou variável qualitativa (ou conjunto de variáveis qualitativas), colhidas do caso único ou do conjunto de casos, comparando-as *ao longo de vários períodos de tempo*, podendo, ou não, configurar uma série temporal.

4
Quais problemas de pesquisa são adequados a um estudo de caso?

> *Em geral, os estudos de caso representam a estratégia preferida quando se colocam questões do tipo "como" e "por que", quando o pesquisador tem pouco controle sobre os eventos e quando o foco se encontra em fenômenos contemporâneos inseridos em algum contexto da vida real.*
> YIN, 2001, p. 19.

Poderemos utilizar os estudos de caso para solucionar qualquer problema de pesquisa? *Não*. É prudente, antes de escolher os estudos de caso como sua ferramenta de pesquisa, "[...] avaliar se esse método é o mais adequado para a questão que é colocada [...]" (Machado, 2021, p. 9). Nenhuma técnica de investigação é onipotente na resolução das questões postas: há sempre *uma relação de adequação* entre a natureza do problema e a ferramenta a ser utilizada. Aliás, pensar no estudo de caso – ou em qualquer outra técnica de pesquisa – como uma ferramenta é uma metáfora, por si só, elucidativa: do mesmo modo que um carpinteiro não utiliza qualquer ferramenta para o seu trabalho, o pesquisador deve empregar a técnica mais apropriada para o objeto em estudo, de modo que não incorra no ditado popular de que para quem só tem um martelo, tudo é prego.

Como visto anteriormente, os estudos de caso tratam de problemas de pesquisa *empírica*, de natureza *qualitativa*. Entretanto, mesmo dentro desta categoria, há notável variação na possibilidade de questões de pesquisa, à medida em que também variam as características do objeto investigado, as exigências de controle sobre os fenômenos e os objetivos da respectiva investigação.

> Um estudo de caso é aquele que investiga [os casos] para responder a questões de pesquisa específicas (que podem ser bastante imprecisas para começar) e que busca uma variedade de diferentes tipos de evidências, evidências que existem no cenário do caso e que precisam ser abstraídos e cotejados para obter as melhores respostas possíveis para as questões de pesquisa (Gillham, 2000, p. 1).

Como se dá, na prática, a diferenciação entre o usuário e o traficante? (Dinú; Mello, 2017). O Legislativo pode ser considerado um ator político em matéria de política externa ou está alijado do processo decisório? (Pinheiro, 2008). Quais são os fatores que influenciam a existência do *foro privilegiado*? Além disso, o que influencia a concessão deste privilégio a mais ou a menos autoridades? (Oliveira *et al.*, 2022). Quais incentivos podem influenciar uma Corte Suprema a interromper uma longa e estável trajetória decisional acerca de um tema? (Gomes *et al.*, 2020). Ao longo dos últimos vinte anos [sic], o Brasil fez sucessivas reivindicações de liderança regional, com clareza variável e sucesso pouco claro: quais fatores explicam a aceitação ou rejeição de tais reivindicações pelos países sul-americanos? (Mesquita, 2021). Quais as nuances e os riscos envolvidos na prática comunitária da justiça restaurativa? (Rosenblatt, 2014).

Os *estudos de caso* são adequados para a resolução de problemas de pesquisa empírico-qualitativos que questionem *motivos, explicações, processos e causas* (*Como? Por quê?*) relacionados a um fenômeno fático (*o caso*), sem exigência de controles e com ênfase em objetos observados no tempo presente.

> O problema se concentra no desenvolvimento de uma compreensão profunda de um "caso" ou sistema limitado. Está relacionado ao entendimento de que um evento, atividade, processo, ou um ou mais indivíduos e o tipo de "caso", como intrínseco, instrumental ou coletivo, é delimitado (Hancock; Algozine, 2021, p. 24).

Por outro lado, se o problema tratar simplesmente de explorar e/ou descrever as informações dos casos (Quem? O quê? Quantos? Quanto?) será mais adequado a uma pesquisa de *survey* uma vez que ela é mais adequada para investigar fenômenos, processos e fatos contemporâneos, sem exigência de controles sobre o objeto. Se a questão de pesquisa for de mesma natureza, mas com maior ênfase em processos e fatos contemporâneos ou pretéritos, a *análise qualitativa documental* mostra-se adequada. Se se trata de entender os mecanismos e relações causais presentes no objeto contemporâneo com controle sobre as inferências, seria o caso de utilizar ferramentas empíricas quantitativas com *experimentos*. Por fim, se a questão de pesquisa for sobre os processos causais sem exigências de controles e com foco em fatos pretéritos, é o campo de atuação da *pesquisa histórica*.

Tabela 5 – Estudos de caso e problemas de pesquisa

Interesse da pesquisa	Exigência de controle sobre fenômenos/ eventos	Ênfase em fenômenos, processos e fatos contemporâneos	Estratégia
Quem? O quê?	Não	Sim	Survey
Quantos? Quanto?	Não	Sim / Não	Análise de arquivo ou documental
	Sim	Sim	Experimento
Como? Por quê?	Não	Não	Pesquisa histórica
	Não	Sim	Estudos de caso

Fonte: Almeida, 2016; adaptado de Yin, 2001.

Algumas reflexões são importantes antes da escolha da técnica de pesquisa por estudo de caso para a realização do seu estudo, seja ele um trabalho de conclusão de curso de graduação, uma dissertação, uma tese ou a publicação de sua pesquisa como um artigo. Veja os subtópicos a seguir.

4.1 Meu problema de pesquisa é empírico?

Minha pergunta envolve buscar informações em fatos concretos? Como visto anteriormente, não há estudo de caso fora da dimensão das pesquisas empíricas. Fazer um estudo de caso significa necessariamente questionar sobre fatos concretos contemporâneos.

No estudo realizado por Fernanda Rosenblatt (2014), o problema de pesquisa relacionava informações coletadas nas audiências (casos) em que foram empregadas técnicas de justiça com características dos respectivos conflitos (fatos concretos). Por sua vez, Mesquita (2021), em seu problema de pesquisa, estudou a interseção entre as reivindicações de liderança regional do Brasil (casos) e os respectivos resultados (fatos concretos).

Estudos de caso necessariamente tratam de questões empíricas: buscam informações em fatos concretos para responder perguntas de pesquisa sobre fatos concretos. Se meu problema de pesquisa, por outro lado, é teórico, normativo ou dogmático, a ferramenta de pesquisa por estudo de caso não é adequada e nada contribuirá para a solução deste problema. Aqui, provavelmente, será mais útil uma análise documental, uma pesquisa histórica ou uma revisão sistemática da literatura.

4.2 Meu problema de pesquisa é qualitativo?

Problemas de pesquisa quantitativos estão diretamente relacionados a rígidas generalizações envolvendo grandes populações, validade formal das mensurações e homogeneidade causal (Collier *et al.*, 2004), conceitos epistemologicamente mais próximos da Matemática e da Estatística, enquanto problemas de pesquisa qualitativos, principalmente aqueles relacionados a estudos de caso típicos, trabalham com uma inferência preocupada com uma lógica estrutural, com suas próprias e específicas condições de validade (Brady *et al.*, 2004).

Os problemas de pesquisa qualitativos, próprios dos estudos de caso, não exigem controles formais sobre os fenômenos ou eventos estudados, enquanto os problemas de pesquisa quantitativos, por natureza, exigem tais controles como condição de validade do próprio estudo: delimitação da população, inferência amostral e margem de erro são exemplos de parâmetros quantitativos alheios à dimensão da pesquisa por estudo de caso. Ao se adotar um estudo de caso (por natureza qualitativo), troca-se o saber pouco sobre muitos (generalização controlada) pelo saber muito sobre poucos (profundidade analítica).

Em que pese existirem estudos de caso quantitativos com uma grande quantidade de casos[4] (*large-n*), a exemplo de muitas pesquisas em política comparada, os estudos de caso ainda são uma técnica majoritariamente qualitativa. Como apresentamos no primeiro capítulo, a técnica teve origem no estudo de um caso único e foi, progressivamente, sendo mobilizada em diversas áreas de estudo, ora em sua fórmula original, estudando apenas um caso, ora estudando poucos casos em perspectiva comparada.

Consideremos a seguinte questão. Se um(a) pesquisador(a) quiser investigar quais fatores estão associados ao aumento das chances de aprovação de projetos legislativos, ele(a) está tentando resolver um problema de pesquisa que é quantitativo, cujo instrumento adequado seria um experimento mediante a técnica estatística de análise por regressão logística. No entanto, se o(a) mesmo(a) pesquisador(a) quiser investigar

---

4. É importante mencionar que muitos estudos de caso quantitativos são apresentados como tal pelos seus autores, porém, se constituem de estudos de caso únicos, com múltiplas observações. A distinção entre o que são casos e o que são observações pode parecer uma célebre discussão de quem veio primeiro, o ovo ou a galinha, mas não deixa de ser importante do ponto de vista epistemológico para a adequada formatação da pesquisa realizada. Como Eckstein (1975, p. 85) informa, "um estudo de seis eleições gerais na Grã-Bretanha pode ser, mas não necessariamente, um estudo de n = 1. Pode também ser um estudo de n = 6. Também pode ser um estudo de n = 120.000.000. Depende se o assunto do estudo é *o sistema eleitoral, as eleições ou eleitores*". Tal distinção depende exatamente da maneira como é formulado o problema de pesquisa.

a dinâmica interativa entre os atores legislativos que levou à aprovação de um projeto de lei específico, ele(a) tem um problema de pesquisa que é qualitativo, cujo instrumento adequado de realização da pesquisa é um estudo de caso.

4.3 Meu problema de pesquisa enfatiza fenômenos, processos ou fatos contemporâneos?

Quando uma pesquisa busca compreender objetos (fatos, fenômenos ou processos) pretéritos -- isto é, incluídos em contextos ou em trajetórias em tempos passados –, o mais apropriado seria realizar a pesquisa por meio das ferramentas do *método histórico*. A pesquisa por estudos de caso investiga fatos *contemporâneos*, não fatos passados.

Uma pesquisa que examine como a rivalidade histórica entre Brasil e Argentina se faz presente nas relações entre os dois países no campo da defesa nacional nas duas gestões de Fernando Henrique Cardoso (1995-2002), como fez Érica Winand (2016), recorre ao método histórico para realizar sua investigação. Silva e Suárez (2022), ao examinar a política antiterrorista da União Europeia no período 2015-2020, por outro lado, configuram seu trabalho enquanto um estudo de caso sobre como atores estatais com diferentes interpretações sobre questões securitárias absorvem e implementam as normas de um arranjo regional de segurança. Em se tratando de um período recente, não se pode classificar o objeto de pesquisa de outra forma, senão contemporâneo.

4.4 Meu problema de pesquisa envolve explicar detalhadamente motivos, explicações, processos e causas?

Aos estudos de caso importa descobrir, entender e explicar, com a maior riqueza de detalhes possível, os mecanismos pelos quais o fato estudado (caso) ocorreu. Seus problemas de pesquisa não focam na construção de leis, conceitos ou postulados generalizantes, cuja razão de ser é a construção de controles formais sobre a ocorrência da maioria ou da totalidade dos eventos do fenômeno objeto de análise; do contrário, direcionam os sentidos do pesquisador em direção aos motivos, explicações, processos e causas, mediante os quais o caso ou conjunto de casos materializou-se naquele contexto.

Quais incentivos podem influenciar uma Corte Suprema a interromper uma longa e estável trajetória decisional acerca de um tema? (Gomes *et al.*, 2020). Não se pretendeu naquele trabalho a construção de um modelo que produzisse explicações, com relativo controle, para o comportamento judicial ao longo de uma longa série temporal, mas, sim, uma explicação aprofundada de como ocorreu a mudança de trajetória decisional naquele julgamento específico e nas suas circunstâncias peculiares.

É importante lembrar!

- Os *estudos de caso* são adequados para a resolução de problemas de pesquisa empírico-qualitativos que questionem *motivos, explicações, processos e causas* (Como? Por quê?) relacionados a um fenômeno fático (*o caso*), sem exigência de controles e com ênfase em objetos observados no tempo presente.

Parte II
Realizando o estudo de caso

5
Estudo de caso descritivo

> *Estudos de caso seriam desenhos de pesquisa que dependem fortemente do contexto e que são utilizados para a produção de conhecimento específico e descritivo.*
> Rezende, 2011, p. 307.

Num famoso *estudo de caso descritivo*, Robert Dahl (*Who governs?*, 2005) realizou uma pesquisa sobre o pleito eleitoral de 1953 na cidade de New Haven, Connecticut, por meio da qual identificou que a dispersão do poder está associada à inclusão e à definição de quem efetivamente governa passa por arranjos entre grupos e lideranças, mediados pela atuação das instituições estatais. O produto de tal estudo é considerado uma das grandes obras da Ciência Política empírica do século XX.

> Dahl resume a história de New Haven como um processo de dispersão gradual de recursos políticos. O padrão de desigualdades cumulativas que prevalecia na época dos patrícios foi substituído por um de desigualdades dispersas ou não cumulativas (Price, 1962, p. 1.591).

A partir de seus achados, Dahl formulou hipóteses gerais sobre o funcionamento do sistema eleitoral norte-americano, que influenciaram a literatura sobre o tema[5] e foram objeto de teste em várias pesquisas empíricas posteriores. O que faz aquele caso destacar-se entre os demais? Quais características peculiares daquele caso nos ajudam a entender os outros? Se o objetivo principal for produzir um estudo de caso descritivo,

---

5. Em 26/05/23, este estudo de caso descritivo já acumulava 12.056 citações no Google Acadêmico. Disponível em: https://bit.ly/3ZWIbnB

as perguntas abertas serão úteis, pois permitem documentar o caso em toda a sua particularidade (Simons, 2009).

Diagnósticos controlados sobre pontos relevantes do caso ou do conjunto de casos, *conforme seu grau de representatividade* do fenômeno estudado, são capazes de nos trazer informações para a resolução do referido problema de pesquisa qualitativo: ao se buscar o saber aprofundado sobre as características de um caso ou sobre uma dimensão pré-definida do caso, muito provavelmente se terão relevantes *insights* sobre a respectiva coletividade de ocorrências de mesma natureza.

> O estudo descritivo objetiva sistematizar a configuração de um caso delineando agentes, acontecimentos e situações. Trata-se de um diagnóstico de determinada situação social com as suas diversas variáveis. Não tem, portanto, a pretensão de uma análise causal, mas tão somente de reconstituição, mais ou menos panorâmica, das principais características da situação em questão (Almeida, 2016, p. 64).

Um estudo de caso descritivo busca sintetizar e sistematizar os dados extraídos dos casos para apresentar as respectivas configurações, semelhanças e diferenças, mostrando um retrato fidedigno do fato ou grupo de fatos e permitindo um maior conhecimento dos contextos observados, desde que contribua para a solução dos problemas de pesquisa. Técnicas de descrição de dados quantitativos (medidas de tendência central, frequências, tabelas cruzadas etc.), por exemplo, são capazes de resumir informações relevantes sobre o objeto estudado, mostrando nuances que talvez não fossem notadas à primeira vista.

> O poder e a promessa de um estudo de caso descritivo residem em seu potencial para mineração de interpretações abstratas de dados e desenvolvimento de teoria (Tobin, 2010, p. 288).

O estudo de caso descritivo (configurativo/ideográfico) trata de "[...] uma descrição sistemática do fenômeno sem uma intenção teórica explícita [...]" que "[...] explora assuntos sobre os quais pouco se sabe ou fenômenos que precisam de uma interpretação que lance nova luz sobre dados conhecidos [...]" (Vennesson, 2008, p. 227). É indicado para problemas de pesquisa empírica que se dirijam a desvendar a complexidade dos processos pelos quais o fenômeno estudado ocorreu: sua importância está no *oferecimento de explicações para aquele resultado específico, a partir das particularidades sintetizadas pelo estudo.*

> Indiscutivelmente, os estudos de caso são mais adequados para a análise descritiva do que para a análise causal. [...] Onde os estudos de caso são praticados com mais frequência, o formato do estudo de caso é mais frequentemente descritivo (Gerring, 2017, p. 62).

Que circunstâncias ou configurações estão associadas a uma mudança de trajetória (caso divergente) ou a uma constante (caso típico)? Um estudo de caso descritivo nos auxilia a conhecer os mecanismos, as interações, os contextos e/ou condições que favoreçam ou contribuam para a ocorrência de um resultado. A partir de uma pergunta de pesquisa descritiva, "[...] os casos selecionados devem fornecer o máximo de informações sobre os aspectos e características específicas de um determinado fenômeno social" (Bleijenberg, 2010, p. 61). O produto (resultado ou fenômeno) já se tem: *a ferramenta metodológica nos oferece modos de entendimento dos caminhos pelos quais este caso foi construído, mediante análise das informações descritas.*

> [Esse] tipo de estudo de caso é indicado para pesquisadores cujo desenho de pesquisa tenha por objetivo entender a complexidade de um fenômeno (ou de uma quantidade reduzida de fenômenos), sem necessariamente propor generalizações, relações causais ou construções teóricas (Machado, 2021, p. 12).

A partir de uma lógica excludente, Tobin (2010) apresenta as condições necessárias para a realização de um estudo de caso descritivo puro: 1) *não haver* comparações analíticas entre grupos (do contrário, seria um estudo de caso múltiplo, cf. o capítulo 8 deste livro); 2) *não haver* nenhuma tentativa de fazer afirmações causais (se não, seria um estudo de caso explanatório, cf. o próximo capítulo) ou; 3) *não haver* qualquer esforço analítico para descrever território inexplorado (ou seria um estudo de caso exploratório, cf. o capítulo 7 deste livro). Há, nos estudos de caso tipicamente descritivos, tão-somente descrições analíticas profundas sobre a ocorrência estudada, de modo a construir explicações sobre configurações, contextos, mecanismos e/ou interações entre pessoas, grupos, instituições ou variáveis, presentes naquela situação fática que ora se pretende explicar.

> Fazer uso de uma teoria descritiva robusta permite que o pesquisador do estudo de caso descritivo penetre nos entendimentos essenciais do caso e ofereça para análise um caso importante para o desenvolvimento da teoria, além de potencialmente fornecer uma adição valiosa para futuros pesquisadores a partir do banco de dados do estudo de caso (Tobin, 2010, p. 289).

Desse modo, Tobin (2010, p. 288) afirma que este "[...] se distingue de outros tipos de estudo de caso por sua preocupação em articular uma teoria descritiva [...]", sustentando que, ao fazer isso, "[...] conceitos robustos emergem, combinam e se expandem para informar, confirmar, refutar e moldar ainda mais as teorias *a priori* [...]", mais precisamente, "[...] estudos de caso descritivos permitem que o leitor veja o caso através das lentes teóricas dos pesquisadores". A partir dos dados coletados no caso sob análise, busca-se interpretar as expectativas da literatura sobre o fato para, de posse dos respectivos detalhes, construir explicações pertinentes e fundamentadas sobre o objeto, oferecendo hipóteses testáveis para uma agenda de pesquisa futura, especialmente empírica e qualitativa.

Tabela 6 – Estudo de caso descritivo

Extração do problema de pesquisa na literatura sobre o tema	Identificação de caso representativo (típico ou divergente)	Descrição das informações colhidas do caso	Interpretação/ formulação de hipótese a partir dos achados
Fase 1	Fase 2	Fase 3	Fase 4

Fonte: Elaboração dos autores.

Neste sentido, a realização do estudo de caso descritivo passa por 4 fases sucessivas. Na primeira fase extrai-se um problema de pesquisa, geralmente no formato de uma pergunta, da literatura sobre o tema estudado, a partir da identificação de uma dúvida ou lacuna a ser preenchida. Por sua vez, a segunda fase dedica-se a identificar um caso, típico ou divergente, justificadamente representativo do fenômeno que se pretende entender a partir da resolução do problema de pesquisa.

Em seguida, no decorrer da terceira fase, a tarefa será extrair, codificar e, finalmente, descrever em detalhes e profundidade as informações relevantes sobre o caso pesquisado. Ao final, na quarta e última fase, as informações anteriormente descritas serão interpretadas para a formulação de prováveis explicações qualitativas para o fenômeno estudado, as quais configuram novas hipóteses testáveis, para futuros estudos empíricos qualitativos e/ou quantitativos.

No que diz respeito ao acima mencionado estudo de caso descritivo realizado por Dahl (2005), na fase 1, ele verificou que as tradicionais abordagens encontradas naquele momento na literatura em Ciência Política não traziam suficientes explicações para os processos de tomada de decisão por trás das principais mudanças políticas, principalmente nas dinâmicas para a formação das coligações eleitorais. A partir da fase 2 de sua pesquisa, Dahl identificou que a observação *in loco* de uma eleição de menores proporções (pleito eleitoral de 1953 na cidade de New Haven, Connecticut), caso escolhido para a descrição, poderia lhe apresentar *insights* relevantes sobre o comportamento das elites políticas locais, especialmente na construção das alianças políticas eleitorais.

No que pertine à fase 3, interpretando as informações coletadas na observação do referido pleito eleitoral, Dahl argumentou que o pluralismo político, a ideia de que vários grupos de interesse competem pela influência e se equilibram, é uma representação mais precisa de como o poder opera nos Estados Unidos da América do que as teorias tradicionais sobre elites. Concluindo seu estudo (fase 4), Dahl desafia as suposições tradicionais sobre a democracia e oferece uma compreensão mais sutil de como o poder opera nas sociedades modernas, hipótese testável que inspirou vários estudos empíricos posteriores.

Os estudos de caso descritivos são ferramentas valiosas para desenvolver e refinar estruturas conceituais, pois permitem uma análise aprofundada de um fenômeno em estudo, capturando as nuances e sutilezas que podem não ser facilmente discerníveis por meio de outros métodos de pesquisa.

5.1 Realizando um estudo de caso descritivo

5.1.1 Retorno das atividades de ensino infantil após pandemia da covid-19 (Silva; Gomes Neto, 2022)[6]

Neste momento, convidamos o(a) leitor(a) a refletir sobre como esse tipo de metodologia pode nos ajudar a compreender determinados fatos do nosso dia a dia. Dito isto, vamos ao primeiro caso: o retorno das atividades presenciais da educação infantil após a pandemia da covid-19. Nele, investigou-se como ocorreu o retorno ao atendimento presencial nas creches e pré-escolas pernambucanas naquele cenário excepcional. A partir desse contexto, foram extraídas duas questões de pesquisa: a) Como ocorreu o retorno ao atendimento presencial nas creches e pré-escolas no contexto do estado de calamidade pública de importância internacional provocado pela covid-19? b) Como essa circunstância excepcional de calamidade pública de importância internacional afetou a estratégia de retorno gradual ao atendimento presencial nas creches e pré-escolas dos municípios brasileiros?

Essas perguntas, em conjunto, sugerem o desenvolvimento de um estudo qualitativo para descrever a maneira como se desenvolveu naquele contexto excepcional (caso divergente) o retorno, passo a passo, das atividades educacionais vinculadas ao ensino fundamental.

---

6. Disponível em: https://bit.ly/3VkJ2h8

Dentro do modelo de estudo qualitativo mencionado, Silva e Gomes Neto (2022) identificaram que a literatura na área de políticas públicas educacionais, especificamente sobre a temática da coordenação, gestão e tomada de decisões, em tempos de crise sanitária, não apresentavam elementos suficientes para a compreensão do fenômeno relativo ao retorno das atividades educacionais de ensino fundamental, anteriormente suspensas em virtudes de medidas sanitárias de restrição de mobilidade (p. ex., *lockdown*). Em situações assim, em que se pretende compreender a complexidade de um fenômeno em seus detalhes, comparando suas informações com as expectativas da literatura sobre o respectivo tema, é adequada a utilização do estudo de caso descritivo.

Neste sentido, Silva e Gomes Neto (2022), na primeira fase de sua pesquisa, extraíram da literatura sobre políticas públicas educacionais uma pergunta: *Como ocorreu o retorno ao atendimento presencial nas creches e pré-escolas no contexto do estado de calamidade pública de importância internacional provocado pelo novo coronavírus (covid-19)?* A literatura sobre coordenação e gestão dos níveis federativos (União, Distrito Federal, estados e municípios) e de colaboração intersetorial envolvendo educação básica aponta para um comportamento político, no qual governadores e prefeitos têm, ao longo dessa crise sanitária, estabelecido a volta gradual às atividades presenciais nesses estabelecimentos educacionais, em detrimento da alta taxa de casos da covid-19.

Na segunda fase do estudo descritivo realizado, os referidos autores selecionaram um caso representativo da situação a ser estudada: *o retorno ao atendimento presencial em creches e pré-escolas nas escolas do município de Recife*. Optou-se por estudar esse caso tendo em vista a sua representatividade dentro da pergunta de pesquisa formulada. Isso pode ser observado a partir de algumas características do caso escolhido: 1) ele corresponde a um fato ocorrido em uma parte do Estado de Pernambuco; 2) existe uma grande população de estudantes na faixa etária de 0 a 6 anos de idade afetados pelo contexto avaliado, principalmente porque esse município é a capital do Estado de Pernambuco; além disso, no que diz respeito ao estudo de caso desenvolvido, 3) a cidade de Recife destacou-se, entre as demais, pela intensidade das medidas sanitárias de restrição de liberdade de locomoção (*lockdown*) e de combate à covid-19 (p. ex., a obrigatoriedade do uso da máscara facial e a existência de um plano municipal de vacinação).

Na terceira fase, Silva e Gomes Neto (2022) extraíram informações de um conjunto de medidas legislativas expedidas pelo município em questão (leia-se, decretos executivos municipais) e pelo Estado de Pernambuco (decretos executivos estaduais), entre o mês de janeiro de 2020 a dezembro de 2021, sobre a suspensão e retomada das atividades presenciais na capital pernambucana, com foco naquelas desenvolvidas em creches e pré-escolas, objeto do estudo. Tais medidas foram organizadas e sistematizadas, contendo desde o número de registro e data em que cada uma delas foram expedidas até o respectivo trecho do texto delas que trata do tópico analisado.

Na quarta e última fase, ao interpretar os dados coletados, Silva e Gomes Neto (2022, p. 1.430-1.431) traçaram um diagnóstico do problema de pesquisa, a partir do caso analisado: verificaram que, durante o período de pandemia da covid-19, as autoridades do Estado de Pernambuco (o governador e a sua equipe) e do município de Recife (o prefeito e sua equipe) elaboraram, em momentos distintos, juntos ou separadamente, um conjunto de regras voltadas para lidar com os impactos no sistema educacional, dentre elas a suspensão das atividades pedagógicas em creches e pré-escolas em todo o Estado; e os sucessivos passos para a retomada gradual dos trabalhos, de acordo com as diretrizes que estabelecidas pelos órgãos de saúde municipais e estaduais (protocolos sanitários, cronograma de retorno etc.).

Para além das explicações qualitativas para o fenômeno analisado, as informações extraídas a partir do estudo e interpretadas a partir da metodologia do estudo de caso permitiram, ainda, a identificação de outras questões a serem analisadas em pesquisas futuras, com outras abordagens (p. ex., a quantitativa), como os efeitos do uso na primeira infância das tecnologias educacionais no processo de ensino e aprendizagem. Trata-se de um interessante e relevante assunto a ser monitorado, por meio de outras metodologias de pesquisa, a partir da retomada do fluxo regular do calendário nas escolas e pré-escolas brasileiras (Silva; Gomes Neto, 2022).

5.1.2 O papel da ouvidoria pública de saúde (Silva; Pedroso; Zucchi, 2014)[7]

Como funciona o canal de contato entre os usuários de um sistema de saúde municipal e a Secretaria responsável por essa área? O que os usuários e funcionários falam sobre esse sistema? Agora, convidamos o(a) leitor(a) a refletir sobre o estudo de caso que pode nos ajudar a compreender o funcionamento de uma rede de contato que aproxima os usuários do sistema público de saúde das autoridades municipais locais. Visando responder a tais perguntas, Silva, Pedroso e Zucchi (2014), em seu artigo intitulado "Ouvidorias públicas de saúde: estudo de caso em ouvidoria municipal de saúde", examinaram o papel desse órgão e a sua contribuição para a gestão do sistema de saúde pública no município.

A literatura parte da premissa de que as ouvidorias em saúde são órgãos que captam manifestações dos usuários do sistema para, inclusive, detectar problemas que estão presentes nas unidades de saúde (hospitais, postos, centros etc.) locais (Antunes, 2008, p. 240). Entretanto, nem sempre é fácil implementar esse tipo de gestão: existe uma série de fatores que precisam ser levados em conta, inclusive a adoção de ações e práticas de uma política direcionada à tal finalidade.

Casos assim, em que se observa um conjunto de detalhes, relacionados ao funcionamento de um dado sistema, demandam um estudo que permita, a partir de determinadas etapas, a comparação entre as informações do sistema de saúde e as ideias apresentadas pela literatura sobre o tema. Observando a complexidade do fenômeno identificado, Silva,

---

7. Disponível em: https://bit.ly/3HtbOGK

Pedroso e Zucchi (2014) desenvolveram uma pesquisa qualitativa de estudo de caso descritivo.

Na fase 1 de seu estudo, os autores extraíram a seguinte pergunta da literatura: qual o papel da ouvidoria municipal de saúde na gestão do sistema de acordo com os usuários desse sistema e de conselheiros municipais de saúde? Na fase 2, compreendendo a complexidade do objeto de estudo, eles selecionaram um caso representativo da circunstância a ser analisada: *a atuação da ouvidoria da Secretaria de Saúde de um município do Estado de Minas Gerais*. Os autores escolheram esse caso porque esse município 1) vem estruturando o seu sistema de saúde desde o ano de 1990, através da Secretaria Municipal da Saúde; 2) utiliza a Estratégia Saúde da Família (ESF) como elemento que organiza ações de saúde locais e proveio 100% (cem por cento) de cobertura populacional no período da pesquisa desenvolvida; 3) possui uma população relativamente grande, o que permite a realização do estudo; e 4) tem uma rede de saúde bem estruturada e potencialmente resolutiva.

Na fase 3, Silva, Pedroso e Zucchi (2014) extraíram informações de entrevistas realizadas, de maio a agosto de 2010, com usuários e conselheiros do sistema de saúde do município em questão. Para melhor analisar o objeto de estudo, os dados foram divididos em dois grupos: o primeiro foi formado pelos usuários que acessaram a ouvidoria para falar sobre a dinâmica e/ou funcionamento do sistema municipal de saúde; já o segundo foi composto pelos conselheiros e demais funcionários do SUS (Sistema Único de Saúde) municipal responsáveis pela formulação, acompanhamento e fiscalização da política de saúde naquele município.

Na quarta e última fase, ao interpretar os dados coletados por meio das entrevistas, Silva, Pedroso e Zucchi (2014, p. 140) identificaram que "as ouvidorias em saúde podem contribuir com o adequado funcionamento do Sistema Único de Saúde e facilitar o acesso ao cidadão por meio da divulgação dos fluxos e protocolos da rede de atenção à saúde". Além disso, eles mostraram que a ouvidoria e o conselho de saúde são órgãos que desempenham atividades similares porque servem como instrumentos que permitem que as pessoas participem e fiscalizem o próprio setor público. No entanto, a implementação de um órgão como esse enfrenta uma série de desafios para que eles possam cumprir efetivamente com o seu papel perante a sociedade, dentre eles:

> [...] oferecer subsídios, por meio de relatórios gerenciais, para o acompanhamento da qualidade e resolubilidade da assistência em saúde; promover a articulação com conselhos de saúde; promover a divulgação de informações sobre o funcionamento do sistema de saúde; e acompanhar a execução de ações para a correção das irregularidades identificadas (Silva; Pedroso; Zucchi, 2014, p. 140).

A partir do seu estudo, os autores mostraram que as ouvidorias da Secretaria Municipal de Saúde podem servir como um espaço para que as pessoas que utilizam o sistema de saúde possam não apenas fiscalizá-lo, como também participar das discussões relativas ao seu acompanhamento e/ou aprimoramento. Para isso, Silva, Pedroso e Zucchi (2014) chamam a atenção de todos os cidadãos para o dever de participar da gestão desse sistema pelos canais da Ouvidoria de Saúde do município.

Sugerem, ainda, uma série de questões a serem analisadas por meio de outras pesquisas a partir dos achados apresentados. Como exemplo, propõe-se a análise da gestão participativa de municípios a partir do planejamento, execução e monitoramento de políticas públicas de saúde, inclusive em seus aspectos econômicos e financeiros. Trata-se de uma relevante temática a ser abordada, por meio de metodologias de pesquisa da área de Ciência Política, a partir dos dados relativos ao Sistema Único de Saúde brasileiro.

5.1.3 *O impacto dos gastos do governo federal no desmatamento ocorrido no Estado do Pará (Prates; Serra, 2009)*[8]

E se utilizássemos o estudo de caso para analisar fenômenos complexos que possam afetar a natureza e o meio ambiente? Adentrando uma

---

8. Disponível em: https://bit.ly/3HsqVjG

temática mais elaborada, apresentamos também como exemplo uma pesquisa qualitativa sobre um dos principais problemas ambientais enfrentados no Brasil: o desmatamento da floresta amazônica. A literatura argumenta que o desmatamento é um problema multicausal – isto é, existem várias causas que estão relacionadas a tal problema – ou multifatorial; ou seja, o desmatamento engloba mais de um fator – e que a maioria deles está relacionada, de forma direta ou indireta, aos gastos do governo federal com políticas públicas ambientais (Prates; Serra, 2009).

Esse tipo de questão apresenta elementos que vêm sendo cada vez mais estudados na área do Direito e da Ciência Política. Contudo, não se trata de uma temática de fácil compreensão, tendo em vista a complexidade do sistema político (planejamento, gestão, políticas, tomada de decisão) e do próprio sistema ecológico de determinadas regiões do país, inclusive os estados que englobam a floresta amazônica (Steiner, 2011). Por conta disso, essa modalidade de pesquisa exige um estudo mais aprofundado de questões relacionadas a cada uma dessas esferas, a partir de técnicas apropriadas que permitam lidar com as particularidades dos casos (Homer-Dixon, 1996; Mitchell; Bernauer, 1998; Zürn, 1998).

O desmatamento é um dos casos em que também se observa um conjunto de detalhes, relacionados ao sistema ecológico da floresta Amazônica e ao próprio sistema político ambiental. Nesse caso, recomenda-se que o(a) pesquisador(a) recorra ao estudo de caso por se tratar de uma metodologia de estudo que permite uma análise mais aprofundada do caso por meio de seu contexto e particularidades. Nesse sentido, Prates e Serra (2009) desenvolveram uma pesquisa qualitativa dedicada a estudar o valor gasto pelo governo federal no setor ambiental, mais especificamente nos estados que englobam a floresta amazônica ou, como ficaram conhecidos, os estados amazônicos.

Na primeira fase de sua pesquisa, os autores identificaram uma pergunta que ainda não havia sido respondida por autores(as) que tratavam da mesma temática: *Qual o impacto dos gastos do governo federal no desmatamento no Estado do Pará? Tais gastos influenciam o desmatamento na região ou o atenua? Em outras palavras, quanto o governo federal gasta para enfrentar esse problema?* Dando continuidade ao estudo, na segunda fase, os autores selecionaram um caso representativo: o desmatamento da floresta Amazônica no Estado do Pará, escolhido como caso então objeto de estudo, tendo em vista o seu alto grau de desmatamento, se comparado aos outros estados amazônicos (Inpe, 2008).

Na terceira fase, Prates e Serra (2009) coletaram dados sobre a relação entre os diversos tipos de gastos públicos e o desmatamento mediante um modelo econométrico que levou em conta os 211 municípios paraenses. As informações foram codificadas a partir de painel elaborado pelo Instituto Nacional de Pesquisas Espaciais (Inpe) sobre a retirada da cobertura florestal na região do Pará no período de 2002 a 2004. Em seguida, os autores calcularam e descreveram o gasto específico do governo federal ao longo desse período. Na quarta e última fase, interpretando a análise dos dados obtidos, Prates e Serra (2009) identificaram que o desmatamento é um problema que apresenta várias causas e fatores que estão relacionados não apenas às características biológicas (bioma, espécies de animais, clima, hidrografia) e geográficas (território) da Região Amazônica, como também ao próprio sistema social (habitantes, p. ex.) e político (gestão, planejamento, políticas públicas, tomada de decisão etc.) a ela atrelados.

Perceberam, também, que o desmatamento apresenta pelo menos três níveis: 1) Fontes do Desmatamento; 2) Causas Imediatas do Desmatamento; 3) Causas Subjacentes do Desmatamento. Tais níveis estão associados a fatores e instrumentos políticos (Prates; Serra, 2009, p. 101). Ao final de sua pesquisa, os autores mostraram que os fatores influenciados direta ou indiretamente pelo governo, exercidos por meio de políticas públicas, tinham importante impacto sobre o desmatamento. O exemplo ora apresentado indica ser o estudo de caso descritivo uma metodologia que permite, quando necessária, uma análise mais aprofundada sobre questões de baixa ou alta complexidade.

5.1.4 Os efeitos da reforma constitucional nos partidos políticos uruguaios (Vairo, 2008)[9]

No ano de 1996, o Uruguai realizou uma reforma constitucional que introduziu mudanças substanciais no sistema eleitoral anterior. Do ponto de vista do institucionalismo, seria de se esperar que essas mudanças afetassem os incentivos e as estratégias dos atores (Vairo, 2008). Dentro dessa lógica, esta pesquisa indaga (primeira fase): *Quais os possíveis efeitos que modificações de algumas regras eleitorais podem produzir nos padrões de cooperação e competição intrapartidária?*

O estudo visa a registrar os efeitos (ou ausência deles) da mudança institucional quanto aos incentivos dos atores em nível local, de forma a cooperar com os atores em nível nacional nas eleições legislativas e presidenciais. Esta análise é feita por um um estudo de caso (segunda fase): o comportamento dos líderes e grupos locais do Partido Nacional no distrito de Maldonado (1994-2005).

Maldonado apresenta algumas peculiaridades que o tornam relevante para a análise: é um departamento competitivo, apresentando alternância partidária no governo departamental. Desde 1985 até os dias atuais, os três principais partidos ocuparam cargos, e os resultados eleitorais foram iguais em muitas eleições; além disso, o departamento tem uma importância econômica muito importante no país: quando se considera o IDH, Maldonado está localizado no terceiro lugar do país, superado apenas por Montevidéu e Colônia; finalmente, Maldonado tem cerca de 4% da população total do país, o que o torna o terceiro departamento quando considerado por peso demográfico (Vairo, 2008).

Analisando as informações dos ciclos eleitorais incluídos no período analisado (terceira fase), mais precisamente, estudaram-se os padrões de cooperação entre o nível nacional e o nível departamental do Partido Nacional em Maldonado, comparando padrões de comportamento antes e depois da reforma (ciclos eleitorais de 1994, 1999-2000 e 2004-2005),

---

9. Disponível em: https://t.ly/c-co

verificou que é possível afirmar que a maioria dos atores do Partido Nacional em Maldonado apresenta estratégias voltadas para um dos dois níveis, e muito poucos deles desenvolvem uma atividade em todas as etapas da competição política (Vairo, 2008).

Conclui (quarta fase) verificando uma deterioração dos antigos padrões de cooperação pelo facto de nas eleições nacionais existirem dirigentes do partido que não trabalham na campanha, preservando a sua participação para a campanha local onde terão um papel determinante. As regras eleitorais uruguaias que operam mais fortemente nesse sentido são: a incorporação das primárias, a separação das eleições nacionais e locais e a retirada do voto múltiplo simultâneo para a eleição dos Deputados (Vairo, 2008).

5.1.5 Atores não estatais conseguem influenciar a política climática? (Alves et al., 2022)[10]

Estudos de caso podem ser realizados para descrever o papel desempenhado por atores específicos em determinado tipo de política. Por exemplo, Alves e seus colegas (2022) examinaram a participação de atores não estatais na definição da posição brasileira sobre política climática durante a COP21, a Conferência das Partes sobre o Clima ocorrida em 2015, na preparação para o Acordo de Paris. A questão mais de fundo que os autores tentaram observar aqui foi a participação de atores não estatais na formulação da política externa brasileira.

Na primeira fase os autores identificaram na literatura especializada o que parece ser um consenso sobre quem são os atores tradicionalmente mais envolvidos na formulação da política externa, aqueles que têm vínculo direto com o governo central, como chefes de Estado e de governo e ministros de relações exteriores (Ferreira, 2020; Gonçalves; Pinheiro, 2020; Ramanzini Jr.; Farias, 2021), outros atores vêm ocupando espaços

---

10. Disponível em: https://rb.gy/5w38l

e desempenhando alguma influência neste processo. É o caso, por exemplo, de atores subnacionais (Junqueira, 2018), mas também de atores não estatais (Lopes; Faria, 2016; Salomón; Pinheiro, 2013).

Na segunda fase os autores identificaram um caso divergente: nas preparações para a COP21, na qual ocorreria a celebração de um novo acordo internacional com o objetivo de conter as mudanças climáticas, o Acordo de Paris, o Ministério das Relações Exteriores do Brasil, órgão historicamente insulado (Faria, 2012), abriu à consulta pública, pela primeira vez, qual deveria ser a posição brasileira na conferência. A consulta aconteceu em duas rodadas e formatos variados, como mostram Alves e seus colegas (2022), representando um momento único na história da política externa brasileira, inclusive, porque até 2023, não voltou a se repetir, quase dez anos depois. O objetivo era colher, da sociedade civil, opiniões e propostas sobre quais deveriam ser as contribuições nacionalmente determinadas (NDCs) do Brasil – isto é, os compromissos que o país iria assumir, perante a sociedade internacional – para contribuir para a redução do ritmo de crescimento da temperatura global.

Na terceira fase os autores descrevem como fizeram a coleta dos dados em três etapas: foram consultados relatórios oficiais; solicitaram acesso ao banco de dados da primeira fase de consulta pública, realizada por meio de *survey*, via sistema de acesso à informação do governo federal; o documento final das NDCs foi obtido da página virtual do Ministério das Relações Exteriores. Subsidiariamente, como a segunda fase de consultas aconteceu em formato presencial com a participação de autoridades públicas e de representantes da sociedade civil, os encontros foram gravados e disponibilizados no canal oficial do Ministério no YouTube, tornando a consulta mais fácil aos pesquisadores.

A comparação entre todos esses documentos, em texto e em vídeo, permitiu aos autores verificar como se deu a participação de atores não estatais nesta questão específica da política externa brasileira, examinando como eles se posicionaram nas fases de consultas e como essas posições foram consolidadas no documento final que o Brasil levou à COP21 ou foram ignoradas. Os resultados dessa comparação mostram que, entre os grupos analisados – setor público, empresas, terceiro setor, academia – prevaleceram as posições sugeridas pelos acadêmicos, representados individualmente ou pelas universidades e centros de pesquisa aos quais estavam filiados. Esse importante achado leva à quarta fase do estudo de caso descritivo ora descrito: os autores formulam a hipótese, a ser testada em pesquisas futuras, de que a academia conseguiu exercer influência sobre a política externa ambiental do Brasil, ainda que de forma limitada e, talvez, restrita a um caso único.

> **É importante lembrar!**
> - O estudo de caso descritivo é indicado para pesquisadores cujo desenho de pesquisa tenha por objetivo entender a complexidade de um fenômeno (ou de uma quantidade reduzida de fenômenos), sem necessariamente propor generalizações, relações causais ou construções teóricas.
> - O estudo de caso descritivo é uma ferramenta metodológica que nos oferece modos de entendimento dos caminhos pelos quais um determinado resultado (caso) ocorreu.
> - As condições necessárias para a realização de um estudo de caso descritivo puro são: 1) não haver comparações analíticas entre grupos; 2) não haver nenhuma tentativa de fazer afirmações causais; e 3) não haver qualquer esforço analítico para descrever território inexplorado.
> - A realização do estudo de caso descritivo passa por quatro fases sucessivas. Na primeira fase extrai-se um problema de pesquisa da literatura sobre o tema estudado, geralmente a partir da identificação de uma dúvida ou lacuna a ser preenchida. Por sua vez, a segunda fase se dedica a identificar um caso (típico ou divergente) justificadamente representativo do fenômeno que se pretende entender a partir da resolução do problema de pesquisa. No decorrer da terceira fase, a tarefa será extrair, codificar e, finalmente, descrever em detalhes e profundidade as informações relevantes relativas ao caso pesquisado. Ao final, na quarta e última fase, as informações anteriormente descritas serão interpretadas para a formulação de prováveis explicações qualitativas para o fenômeno estudado, as quais configuram novas hipóteses testáveis, a partir de futuros estudos empíricos qualitativos e/ou quantitativos.

6
Estudo de caso explanatório (causal)

> *Casos explanatórios podem sugerir pistas importantes para relações de causa e efeito, mas não com a certeza de experimentos.*
> Yin, 2003.

Um estudo de caso explanatório (causal) ocorre quando se busca descobrir porque algo aconteceu, a partir de um olhar profundo sobre os detalhes. É como ser detetive e tentar resolver um mistério. Para fazer um estudo de caso dessa natureza, você precisa analisar todas as informações que puder encontrar sobre o que aconteceu e tentar entendê-las. Então, podemos tentar explicar as razões pelas quais as coisas aconteceram do jeito que elas aconteceram: montar um quebra-cabeça para descobrir o que de fato aconteceu e por quê.

Por que determinados eventos semelhantes (casos típicos) ocorrem com certa frequência e num certo local? Quais os determinantes para que ocorra uma mudança de trajetória (casos divergentes) numa longa e estável sequência comportamental? Embora as profundas explicações causais sejam típicas de experimentos – isto é, de pesquisas empíricas de natureza quantitativa –, *as abordagens empíricas qualitativas por estudo de caso possuem, dentro de suas limitações inferenciais e sem generalizações, enorme potencial explanatório*, capaz de ir aos detalhes do fato para a construção de sólidas explicações sobre o nexo existente entre a causa (mecanismos a serem identificados) e seu efeito (o caso ora objeto de estudo).

Os desenhos explanatórios procuram estabelecer relações de causa e efeito, com a finalidade de determinar como os eventos ocorrem e quais elementos podem influenciar resultados específicos (Hancock; Algozzine, 2021). Estudos de caso explicativos são os mais difíceis e os mais frequentemente buscados: por meio deles procura-se explicar como e por que alguns eventos ocorreram, a partir de um caminho causal potencial, pelo qual um estudo de caso parece estar fazendo uma incursão no problema de atribuição (Yin, 2003).

> A essência das teorias explicativas é responder a perguntas do tipo "por quê". Para tanto, devem ser identificados vínculos causais entre eventos; é isso que os estudos de caso causais fazem. Eles contam uma história de uma sequência de eventos ou processos e assim se prestam à construção de teorias explicativas que generalizam a partir da história (Woiceshyn, 2010, p. 137).

Segundo Bleijenberg (2010, p. 62), a partir de uma questão de pesquisa explanatória, a seleção de casos é baseada em considerações teóricas, traduzidas em um projeto de pesquisa dedutivo, onde os casos são avaliados por sua capacidade *de falsear teorias ou hipóteses de pesquisas anteriores*. Ou seja, o estudo de caso explanatório busca testar, num ambiente inferencial qualitativo, hipóteses baseadas em afirmações da literatura sobre o tema, a partir do entendimento dos mecanismos causais existentes no caso selecionado. Esse tipo de estudo de caso "[...] utiliza referenciais teóricos para fornecer uma explicação de casos particulares, o que pode levar também a uma avaliação e refinamento de teorias" (Vennesson, 2008, p. 227).

> Portanto, o poder explanatório da pesquisa de estudo de caso intensivo não se baseia na generalização estatística, mas sim na compreensão e na generalização analítica (Eriksson; Kovalainen, 2010, p. 93).

Essa ferramenta de pesquisa qualitativa usa estratégias de seleção e análise de casos, visando a identificar, medir ou avaliar uma hipótese causal extraída da literatura sobre o tema a ser pesquisado (Gerring,

2017). Quando se refere a uma hipótese causal, trata-se, logicamente, das *supostas consequências potenciais (testáveis) de uma causa (X) sobre um determinado resultado concreto (Y)*, conforme anteriormente mencionado na teoria sobre o tema que se pretende aprofundar.

> Os estudos de caso podem ser usados para testar hipóteses, particularmente para examinar uma única exceção que mostre que a hipótese é falsa (Stake, 1978, p. 6).

Estudos de tal natureza nos permitem observar com maior grau de profundidade condições, configurações lógicas e outros elementos qualitativos necessários e/ou suficientes para aquele caso escolhido ocorresse, passíveis de levantar novas hipóteses testáveis, seja por experimentos generalizantes, seja por novos estudos qualitativos. Se um estudo de caso explanatório está sendo realizado, as perguntas que são necessárias são do tipo "como" e "por quê" (Simons, 2009).

> Usando métodos de pesquisa qualitativos e quantitativos, os estudos de caso explanatórios não apenas exploram e descrevem fenômenos, mas também podem ser usados para explicar relações causais e desenvolver teoria. [...] A pesquisa de estudo de caso explanatório tem claramente um papel a desempenhar na investigação e explicação de fenômenos complexos que podem não se prestar facilmente a metodologias de pesquisa quantitativas (Harder, 2010, p. 370).

Os estudos de caso explanatórios se utilizam de modelos de *explicações por narrativas*, próprias dos campos históricos das Ciências Sociais e Sociais Aplicadas para a construção de suas inferências causais, que:

> [...] tentam compreender causalmente a ocorrência de fenômenos específicos a partir de concepções que não levam em conta a universalidade e homogeneidade causal da realidade social, mas, sim, os importantes efeitos de contingência que configuram determinados padrões de causas e variáveis que se articulam em múltiplos níveis de análise (Rezende, 2011, p. 306).

O resultado dos estudos causais será, para aquele caso, a confirmação total ou parcial da hipótese testada ou a negação da hipótese, acompanhada de novas explicações causais substitutivas, a partir das informações obtidas do caso, inaugurando novas agendas de pesquisa.

> - Um estudo de caso é entendido como causal se for orientado em torno de uma hipótese central sobre como X afeta Y – *o efeito causal*, simbolizado por X → Y.
> - A maioria dos estudos de caso não tenta estimar um efeito causal preciso e um intervalo de confiança que o acompanha, como seria de se esperar da pesquisa de N (população) grande: a seleção do(s) casos(s) segue uma lógica de representatividade, e não necessariamente uma inferência amostral.
> - Alguns estudos de caso não tentam medir nem mesmo um efeito causal muito impreciso. Eles adotam uma teoria prévia sobre esse efeito causal ou contam com outras análises de grandes N (populações) para estimar o efeito.
> - O estudo de caso explanatório concentra-se em outros aspectos – *medição de variáveis-chave, mecanismos, possíveis fatores de confusão, condições de escopo* etc.
> - Um estudo de caso é "causal" apenas quanto à sua orientação, pois, certamente, o caso não fornece a única base para a estimativa de um efeito causal sobre o fenômeno.
>
> Fonte: Elaboração dos autores com base em Gerring, 2017.

Exemplificativamente, Yin (2001) aponta que o poder explanatório desse tipo de estudo de caso, em matéria de políticas públicas, fez com que os pesquisadores daquela área oferecessem *uma explicação geral, além da mera narrativa do caso político, sobre uma ampla gama de atividades políticas e de governo.*

Tabela 7 – Estudo de caso explanatório (causal)

Identificação do caso representativo (típico ou divergente)	Formulação de problema (causal) e identificação na literatura de hipótese explicativa (testável)	Extração e interpretação dos dados	Elaboração de resposta ao problema (explicação causal) e confronto com expectativas da literatura sobre o tema
Fase 1	Fase 2	Fase 3	Fase 4

Fonte: Elaboração dos autores, para efeitos didáticos.

A realização do estudo de caso explanatório passa necessariamente por 4 fases sucessivas. Na primeira fase o(a) pesquisador(a) *identifica o caso representativo (típico ou divergente)* do fenômeno (fato) que se pretende estudar (encontrar uma explicação para sua ocorrência). A segunda fase se dedica à formulação de um problema (causal) e à busca na respectiva literatura de hipótese explanatória que será testada pela pesquisa. No decorrer da terceira fase, a tarefa será a extração e interpretação dos dados sobre o fato (caso) ora estudado. Na quarta e última fase, o estudo dirige-se a construir uma resposta ao problema na forma de uma explicação causal, e a realizar o confronto desta resposta com expectativas da literatura sobre o tema.

> Mesmo em um estudo de caso, assumimos que podemos fazer uma declaração, tirar uma conclusão ou chegar a algumas descobertas que são relevantes além da situação imediata da coleta de dados, mesmo se elas se aplicam apenas à vida do caso além da situação de pesquisa (Flick, 2007, p. 41).

Os estudos de caso causais são uma maneira eficaz de avaliar qualitativamente as relações de causa e efeito entre variáveis pré-definidas, em um determinado cenário controlado. Ao analisar eventos passados e estabelecer conexões entre diferentes fatores, os pesquisadores podem entender melhor (sob a perspectiva qualitativa) como certos resultados foram produzidos e identificar áreas potenciais para, por exemplo, reformas institucionais ou novas agendas de pesquisa.

6.1 Realizando um estudo de caso explanatório

6.1.1 *O sucesso inesperado das reformas institucionais de segunda geração (Melo, 2005)*[11]

Marcus André Melo (2005), em seu artigo "O sucesso inesperado das reformas de segunda geração: federalismo, reformas constitucionais e política social", examina os determinantes institucionais e a estrutura do jogo político que permitiram que mudanças profundas no padrão das políticas sociais tenham tido lugar durante a gestão do presidente Fernando Henrique Cardoso (1995-2002). Para tanto, realizou estudo de caso explanatório, dedicado a responder ao seguinte problema de pesquisa: como se pode *explicar* as transformações que se dão no padrão das políticas sociais, se considerarmos os formidáveis obstáculos fiscais e institucionais à mudança no país?

Investigando o caso divergente escolhido (primeira fase) – isto é, a inesperada implementação da referida reforma realizada durante o Governo FHC –, Melo (2005) coletou informações sobre as emendas constitucionais aprovadas no período, pelo que identificou o relevante papel que as políticas sociais e o federalismo desempenharam no esforço reformista analisado. Ao realizar a respectiva revisão de literatura (segunda fase), identificou que, entre os referidos obstáculos esperados, estariam as restrições fiscais severas e o fato de o Brasil possuir um sistema político fragmentado (presidencialismo de coalizão), tal como apresentados pela literatura sobre o tema, segundo os quais as reformas seriam difíceis de serem aprovadas e implementadas, fossem quem fossem os governantes.

---

11. Disponível em: https://bit.ly/40RrgmR

Na terceira fase, interpretando as informações sobre a iniciativa reformista, verificou que os caminhos para sua aprovação foram pavimentados em várias frentes, a partir de três processos inter-relacionados: a) reforma das relações financeiras intergovernamentais; b) a presença do federalismo e da política social no núcleo duro do processo amplo de reforma constitucional; c) evidências de que houve modificações importantes no lugar ocupado pelos ministérios sociais na política de montagem de gabinetes de coalizão.

Por fim, na quarta e última fase, interpretando o fenômeno estudado (a aprovação das referidas reformas), Marcus Melo (2005) sugere que este teria origem numa lógica de causalidade multifatorial: 1) o Executivo federal teria sim capacidade institucional de implementar sua agenda, a despeito de ampla literatura em sentido contrário, pois, "[...] em que pesem os constrangimentos da política de coalizão [...]", conseguem aprovar reformas no Congresso, porque "[...] os presidentes são poderosos institucionalmente e têm a capacidade de restringir o comportamento fiscal subnacional [...]"; 2) transferências orçamentárias de caráter social permitiram reduzir os custos da "perda de agência", a partir de programas sociais a serem executados pelos entes subnacionais, sob a regência da União; 3) mostrou-se efetiva a estratégia de vincular o programa altamente popular de controle da inflação e o restante de sua agenda; 4) amplo consenso nacional sobre a necessidade de combate à pobreza; 5) o referido processo de reforma constitucional esteve "[...] ancorado na reforma do federalismo brasileiro [...]".

6.1.2 Mudança de trajetória do Supremo Tribunal Federal quanto ao julgamento de conflito federativo (Gomes; Carvalho; Barbosa, 2020)[12]

Que incentivos podem influenciar um Tribunal a decidir sobre um determinado tema? Quais fatores podem influenciar a Corte a manter ou interromper uma longa e estável trajetória de decisões acerca de uma

---

12. Disponível em: https://bit.ly/44xTDcF

matéria? Tais perguntas, em conjunto ou isoladas, sugerem o desenvolvimento de um estudo que possa explicar a forma como membros de um Tribunal decidem sobre casos que são submetidos a julgamento. Neste momento, convidamos o(a) leitor(a) a refletir sobre detalhes de um determinado fato ou fenômeno que podem indicar as suas causas e efeitos.

A literatura sobre processo decisório em matéria de conflitos federativos aponta para um padrão de comportamento judicial, no qual o STF tem, ao longo dos últimos anos, uma longa trajetória de decisões favoráveis à União e contra os interesses dos entes subnacionais (Gomes Neto; Carvalho; Barbosa, 2020). Em um desenho institucional de Federação que pugna pela cooperação entre os entes federativos, mas, ao mesmo tempo, faz prevalecer seu caráter centralizador, é natural se esperar que, de modo geral, nos julgamentos de conflitos federativos pelo Supremo Tribunal Federal, haja uma trajetória de decisões a favor da União e em detrimento do interesses dos demais atores federativos.

A partir dessa proposta, Gomes, Carvalho e Barbosa (2020), identificaram uma pergunta que ainda não havia sido respondida por autores(as) que tratavam da mesma temática: *Que incentivos podem influenciar uma corte suprema a interromper uma longa e estável trajetória decisional acerca de um tema?*

Dando continuidade ao estudo, na segunda fase, os autores selecionaram um caso representativo: *a decisão colegiada na MC-ADI 6341*. Trata-se de um caso emblemático, em que a Suprema Corte brasileira foi provocada a decidir um conflito entre diferentes esferas da República Federativa brasileira num contexto de calamidade pública sanitária.

Na terceira fase, os autores coletaram um conjunto de informações da decisão colegiada selecionada e da pandemia do novo coronavírus. Tais dados foram categorizados e organizados, permitindo visualizar o posicionamento de cada ministro, suas ideias e a influência (ou não) de fatores extrajurídicos na decisão. Isso permitiu que os autores dividissem o caso em Blocos Decisórios, com base nos proferidos no julgamento da MC-ADI 6341:

Tabela 8 – Blocos decisórios dos votos dos ministros do STF no julgamento da MC-ADI 6341

Primeiro bloco	Segundo bloco	Terceiro bloco	Quarto bloco
Fachin, Weber, Lewandowski, Mendes e Rocha	Moraes e Fux	Toffoli e Mello	Barroso

Fonte: Gomes; Carvalho; Barbosa, 2020.

Os autores identificaram que o Supremo Tribunal Federal não decide as questões controversas que lhe são submetidas como uma instituição unitária e homogênea, nem como blocos estáveis de tomada de decisão: há, na verdade, *intensa fragmentação decisória*, caracterizada pela predominância de decisões individuais, que, em ambiente coletivo (turmas ou plenário), convergem para *blocos decisórios temporários*, conforme os incentivos de cada caso.

O primeiro bloco, correspondente à maioria decisória vencedora, além de se posicionar sobre a inconstitucionalidade da norma que concentrou na presidência da República poder decisório sobre a natureza e a intensidade das medidas administrativas sanitárias relativas à covid-19, escolheu dar interpretação conforme à Constituição para a norma objeto de revisão judicial, afirmando que as eventuais decisões regionais e locais sobre a matéria prevaleceram sobre as normas gerais apresentadas pela União. No segundo bloco decisório, têm-se os votos dos ministros Moraes e Fux, que, naquele momento, se limitaram a suspender os efeitos da norma então sob revisão, em razão de sua inconstitucionalidade, materializada na violação dos arranjos federativos previstos na Constituição, que determinam a cooperação dos entes federativos em matéria de saúde pública e estabelecem competências legislativas comuns e concorrentes na elaboração de políticas públicas de saúde.

Os votos dos ministros Dias Toffoli e Marco Aurélio Mello (relator) compõem o terceiro bloco decisório, no qual se identifica a postura de limitar ainda mais a atividade jurisdicional de controle concentrado de constitucionalidade para aquele caso, cujo conteúdo aderna entre fundamentos de autorrestrição judicial expressa e argumentos pela constitucionalidade da norma impugnada (improcedência da ação direta de inconstitucionalidade), restrita à declaração expressa da existência de competência legislativa concorrente de estados e de municípios em políticas públicas de saúde. No último bloco está o Ministro Barroso, que escolheu momento posterior à abertura da sessão de julgamento (e apenas quando da oportunidade de proferir seu voto, após várias manifestações de seus colegas) para se averbar suspeito por motivo de foro íntimo e subjetivamente incompatível para decidir a questão constitucional posta à Corte, evitando ter que decidir aquele litígio, o que, em efeitos práticos, configura um fundamento formal (processual) para justificar autorrestrição judicial tácita.

Na quarta e última fase, interpretando a análise dos dados obtidos, Gomes, Carvalho e Barbosa (2020) identificaram que o contexto de calamidade epidemiológica decorrente da covid-19 afetou a estratégia decisória dos ministros do Supremo Tribunal Federal sobre questões federativas: no caso representativo selecionado, num contexto diferenciado, a decisão colegiada do Tribunal seguiu um caminho diferente do regularmente esperado pela literatura, *decidindo a favor dos entes subnacionais*, que haviam tomado medidas administrativas de restrição de mobilidade social (*lockdown*).

6.1.3 Poder de agenda, estratégias judiciais e decisão liminar nos mandados de segurança 34.070 e 34.071 (Lima; Gomes Neto, 2016)[13]

A apreciação do caso e o momento das decisões possuem inevitáveis repercussões políticas: um juiz que possua formação política, notadamente aquele componente de uma suprema corte, indicado por um partido

---

13. Disponível em: https://bit.ly/3OwYbL2

político, e cuja decisão esteja orientada estrategicamente deve estar preparado para sopesar os custos e benefícios de suas decisões e de seus esforços de influência. Esta pesquisa analisou a variável "tempo", como um relevante fator para a compreensão da interação do Tribunal com o sistema político, sobretudo as decisões monocráticas em suas dinâmicas decisórias, tomando por paradigma (primeira fase) *o caso das liminares proferidas nos mandados de segurança 34.070 e 34.071* (Lima; Gomes Neto, 2016).

Estes foram impetrados respectivamente pelo PPS e pelo PSDB, na data de 17 de março de 2016, para suspender a eficácia da nomeação de Luiz Inácio Lula da Silva para o cargo de ministro-chefe da Casa Civil. Nos referidos processos, a concessão de liminar, suspendendo a posse no novo cargo e determinando a manutenção da competência da justiça federal de primeira instância para analisar os procedimentos criminais em seu desfavor, foi simultaneamente deferida pelo Ministro Gilmar Mendes na decisão apresentada em 18 de março de 2016 (Lima; Gomes Neto, 2016).

Segundo as expectativas da literatura (segunda fase) sobre o comportamento judicial, especificamente sobre o comportamento do ministros do Supremo Tribunal Federal (STF), no caso específico dos mandados de segurança (MS) em tramitação no Supremo Tribunal Federal, o tempo de espera compreendido entre a impetração e a decisão liminar corresponde *em média a 48 dias de espera*.

Analisando o caso (terceira fase), verificaram que na referida concessão de liminar em Mandados de Segurança pelo Ministro Gilmar Mendes, monocraticamente, sob as pressões e contextos daquele momento político, em *apenas 24 horas* após a distribuição dos referidos processos, ultrapassou todas as expectativas e deixou transparecer seu agir estratégico, pois a média de tempo em seu gabinete para a concessão de liminar em processos daquela natureza é de *37 dias*. A concessão de uma liminar em mandado de segurança, em um espaço de tempo de tramitação e análise muito abaixo da média do Tribunal e, mais precisamente, muito abaixo da média do próprio relator, reduzindo o tempo esperado (contado em dezenas de dias) para uma surpreendente resposta imediata (contada em horas), mostra sua preocupação em atender a uma suposta urgência por sua decisão (Lima; Gomes Neto, 2016).

Concluíram (quarta fase) que, no âmbito do Supremo Tribunal Federal, o tempo aparece como uma variável explicativa relevante, que muito pode mostrar sobre o comportamento estratégico dos juízes-membros daquele órgão: mudanças de trajetória, acelerando ou retardando a apreciação de questões, bem como pontos fora da curva (*outliers*) – ou seja, processos cujas decisões ocorreram em prazos de tempo notadamente mais lentos ou muito mais rápidos em comparação com a média dos processos de mesma natureza – podem esclarecer sobre as estratégias que são consideradas no momento do julgamento (Lima; Gomes Neto, 2016).

6.1.4 Escolhendo políticas de energia renovável em países em desenvolvimento (Alves; Steiner, 2020)

Quais fatores econômicos contribuem para a difusão de políticas de energia renovável? Elia Alves e Andrea Steiner (2020) tentam responder a esta pergunta olhando para o caso brasileiro de difusão de políticas voltadas para a energia eólica.

A primeira fase da pesquisa consiste em delinear o caso sob estudo. Por que o caso do Brasil? A regulação do setor de energia eólica no Brasil é um caso importante porque não se encaixa apropriadamente em explicações tradicionais sobre a adoção de políticas de energia renovável, que focam em preocupações com segurança energética ou com mudanças climáticas como causas preponderantes. O Brasil não tem uma preocupação premente com segurança energética, pois, além de possuir uma das matrizes mais limpas do mundo, mais de 40% de suas fontes de energia derivam de energias renováveis.

Na segunda fase as autoras encontram na literatura que a maior parte das pesquisas sobre energias renováveis aborda países desenvolvidos, embora os países em desenvolvimento sejam os responsáveis por aproximadamente 70% das emissões de carbono no mundo. Do mesmo modo, essa literatura costuma ignorar os aspectos econômicos da difusão de políticas de energia renovável, o que parece ser um equívoco importante: energias renováveis não conseguem competir, na maioria dos casos, com fontes tradicionais de energia, porque sofrem altos custos de capital e muitos países subsidiam a produção de energia baseada em combustíveis fósseis. Isso torna as energias renováveis pouco competitivas, ressaltando a importância de políticas específicas voltadas para energias renováveis, ajudando a diminuir os seus custos e tornando-as alternativas viáveis para o consumidor final. Para entender isso, é importante compreender como se dá o jogo entre mercados de energia, tecnologias e políticas, elementos cruciais para decisões de investimentos de longo prazo, necessárias para avançar no desenvolvimento de energias renováveis.

Desse modo, o problema de pesquisa formulado pelas autoras é o seguinte: quais são os principais fatores econômicos que afetam a difusão global de políticas de energia renovável? Os seis fatores principais apontados pela literatura, e de onde parte a investigação das autoras, são: a) renda; b) preços de energia; c) financiamento; d) comércio; e) investimento externo direto; f) *lobby*.

Na fase de extração e interpretação dos dados, as autoras examinam a construção do setor de energia no Brasil a partir de relatórios técnicos, documentos históricos, um exame detalhado dos relatórios de leilões de energia ocorridos entre 2009 e 2015, bem como uma extensa consulta aos documentos do Programa de Incentivos a Fontes Alternativas de Energia (Proinfa). No que diz respeito especificamente ao mercado de energia eólica, dois problemas centrais afetaram o desenvolvimento desse tipo de energia no Brasil: os altos custos de geração de energia eólica e a falta de empresas voltadas para esse mercado.

Com relação aos leilões de energia, o *lobby* da Associação Brasileira de Energia Eólica (Abeeólica) foi fundamental na atração de investimentos externos e na difusão doméstica de políticas para energias renováveis com ênfase na energia eólica, atuando junto a congressistas estaduais e federais para incluir nos seus marcos regulatórios incentivos para a indústria de energia eólica.

A partir da definição do caso por Alves e Steiner (2020) e do problema de pesquisa conforme visto acima, da obtenção e análise dos dados analisados pelas pesquisadoras para responder ao problema, foi possível chegar a algumas conclusões interessantes (fase 4). Para as autoras, as evidências sugerem que as expectativas depositadas sobre tratados internacionais para resolverem problemas relacionados ao clima são muito altas. Há uma complexa teia de fatores domésticos e internacionais que afetam a relação entre a economia e a política no que se refere à mudança climática.

O reconhecimento de que a mudança climática é real e é um problema global não é suficiente para garantir a cooperação internacional em ações para a sua mitigação, dada essa complexa teia de fatores que afetam as decisões governamentais. As autoras destacam que, dentre os seis fatores apontados na literatura, provavelmente o mais importante foi o *lobby* da Abeeólica, que conseguiu efetivar as demandas das empresas do setor em políticas públicas ao defender a instituições de políticas voltadas para o mercado na figura dos leilões de energia. Por causa dos leilões, foi possível aumentar a competição entre empresas, reduzir os preços da energia eólica e garantir aos investidores a sustentabilidade do setor de energia eólica no Brasil.

6.1.5 Explicando a cooperação em defesa na criação do Conselho de Defesa Sul-americana (Teixeira Júnior; Silva, 2017)[14]

Em seu artigo, Augusto Teixeira Júnior e Antonio Henrique da Silva propuseram uma explicação, empregando um estudo de caso com *process tracing* sobre como se deu a cooperação nos setores de Defesa nos países da América do Sul, culminando na criação do Conselho de

---

14. Disponível em: https://t.ly/TMgPj

Defesa Sul-americana (CDS), órgão vinculado à União das Nações Sul-americanas (Unasul). O foco da pesquisa é no exame de toda a cadeia causal de eventos, mecanismos e políticas que levaram à bem-sucedida proposta brasileira de criação do órgão.

Na primeira fase os autores identificam o caso brasileiro e sua importância na criação do CDS. Há décadas o Brasil é participante ativo de uma arquitetura hemisférica de cooperação em defesa e segurança, capitaneada pela Organização dos Estados Americanos (OEA), mas composta de várias outras instituições, regimes e acordos regionais. Em 2008, por proposta brasileira, foi criado o CDS, um órgão com objetivos muito similares àqueles já desempenhados pela OEA, porém composto exclusivamente por países da América do Sul, excluindo, portanto, os membros da América Central e do Norte que fazem parte da OEA. Nesse sentido, uma diferença importante em relação às instituições preexistentes diz respeito ao papel central desempenhado pelo Brasil, na criação e condução do funcionamento do CDS, assumindo explicitamente a posição de liderança regional em questões securitárias e de defesa. Como colocado pelos autores, o Brasil há muito desempenhava funções de estabilização regional, mediação de conflitos no continente e mantenedor do *status quo*, mas não desempenhava ações que demonstravam claramente seu desejo de se estabelecer como líder regional.

Na segunda fase da pesquisa, Teixeira Júnior e Silva investigam a literatura sobre o tema, ressaltando que as explicações usualmente fornecidas não explicam satisfatoriamente as motivações do governo Lula, então presidente do Brasil quando da proposta pela criação do CDS, variando entre a necessidade do país de realizar um papel moderador a pressões competitivas levando o país a adotar papel protagonista para evitar maior influência dos Estados Unidos na região, entre outras propostas que não nos cabe resumir detalhadamente aqui. Desse modo, os pesquisadores propõem o seguinte problema de pesquisa: quais foram as razões que levaram à proposta da criação do CDS pelo Brasil? A hipótese dos autores é que a iniciativa brasileira na proposta resultou de uma ênfase temporária na mobilização da agenda de defesa para alcançar objetivos específicos de política externa, como estabilidade regional e a manutenção do *status quo*; ou seja, a mudança de comportamento do Brasil se deve à estratégia internacional do país no momento, e não a mudanças nas suas razões para efetivar a cooperação.

Na terceira fase os autores examinam os fatos que auxiliam na construção da narrativa explanatória do caso examinado, notadamente, a participação em conferência internacional da OEA, reuniões da Comunidade de Nações Sul-americanas (Casa, embrião da Unasul), e interações entre as burocracias associadas à presidência da República, ao Ministério das Relações Exteriores e ao Ministério da Defesa, eventos que transcorreram entre 2006 e 2008. Seu exame é realizado na perspectiva da construção de uma linha do tempo e na tessitura de elos entre os eventos selecionados, mostrando a evolução da discussão sobre defesa na região que culminou na proposta brasileira.

Na última fase, Teixeira Júnior e Silva, após o exame da cadeia causal de eventos e mecanismos envolvidos, sugerem a confirmação de sua hipótese inicial, que a proposta brasileira de criação do CDS só foi possível porque a cooperação em defesa funcionou, domesticamente, como um mecanismo de autoajuda, enquanto nos níveis regional e hemisférico funcionou como um mecanismo de balanceamento de poder. Esse fato denota não uma mudança de comportamento, mas uma ação condizente com os objetivos de política externa do país face a um cenário internacional específico; isto é, buscou maximizar a segurança por meio da cooperação, ao mesmo tempo em que foi capaz de conter competidores regionais e hemisféricos ao se posicionar como uma potência emergente global e regional.

É importante lembrar!

• Os estudos de caso explanatórios se utilizam de modelos de *explicações por narrativas*, próprias dos campos históricos das ciências sociais e sociais aplicadas, para a construção de suas inferências causais.

• O resultado dos estudos causais será, para aquele caso, *a confirmação total ou parcial da hipótese testada ou a negação da hipótese*, acompanhada de novas explicações causais substitutivas, a partir das informações obtidas do caso, inaugurando novas agendas de pesquisa.

• Estudos de tal natureza nos permitem observar com maior grau de profundidade *condições, configurações lógicas e outros elementos qualitativos necessários e/ou suficientes para que aquele caso* escolhido ocorresse, passíveis de levantar novas hipóteses testáveis; seja por experimentos generalizantes, seja por novos estudos qualitativos.

7
Estudo de caso exploratório

> *Nosso esquema de causalidade particular nos levou a uma série modesta e rudimentar, embora em muitos aspectos heroicos, de explorações.*
> Carl Sagan

Realizar uma pesquisa exploratória por estudo de caso é como partir em uma aventura para aprender coisas novas sobre algo novo, algo sobre o qual se deseja aprender, como um novo animal ou um lugar onde nunca se esteve antes. Então, são feitas muitas perguntas para saber mais sobre o objeto e procurar pistas para ajudá-lo a aprender mais. Ao final, reunidas todas as informações que se aprendeu, forma-se *um quadro geral do que descobriu sobre o fato*: a exploração empírica é sempre sobre descobrir o que está oculto.

Explorar é buscar o novo, é trazer conhecimento sobre o desconhecido. Desde a descoberta de novos lugares, antigas civilizações, povos isolados, até trazer novos dados sobre casos conhecidos ou trazer à vista um caso desconhecido pela imensa maioria do público. *O que as informações extraídas do caso trazem de novo sobre o fenômeno estudado (problema de pesquisa)? Que descobertas sobre o objeto de estudo podem ser verificadas analisando-se o caso escolhido?*

> [Esta modalidade de estudo de caso] visa à obtenção de informações preliminares [sobre o fato objeto de investigação científica] com a finalidade de desenhar posteriormente uma investigação mais ampla e profunda do caso específico ou de outros (Almeida, 2016. p. 64).

Observar-se que "[toda] análise exploratória é também descritiva, mas nem toda análise descritiva é exploratória" (Gomes Neto *et al.*, 2023, p. 75). Análises qualitativas exploratórias (ora desenvolvidas mediante estudo de caso) trazem a descrição de *novas informações empíricas sobre fatos relevantes* já conhecidos para o tema abordado ou apresentam à comunidade acadêmica *novos fatos* até então *desconhecidos e/ou não enfrentados* pela literatura e descrevem informações relevantes deles retiradas[15].

A mera descrição do fato não se justifica pela curiosidade que desperta, pela facilidade de acesso às informações deste ou pela importância deste para um grupo ou em um contexto histórico. A definição efetiva do problema de pesquisa antecede a identificação do caso representativo a ser explorado, sendo a tarefa de buscar as novas informações guiada pelo interesse de buscar elementos provavelmente constitutivos de uma resposta científica à lacuna.

É construído um retrato e/ou diagnóstico do fato relevante observado, apresentando as informações até então desconhecidas, organizando e sistematizando tais informações, bem como, se já for possível, realizando interpretações preliminares das informações encontradas. O produto esperado de um estudo de caso exploratório é a formulação de novas hipóteses relevantes e posteriormente testáveis a partir da interpretação dos novos dados obtidos, frutos da exploração daquele fato (Gerring, 2017).

> Não basta fazer referências a trabalhos empíricos realizados por terceiros ou procurar e descrever textos de leis ou de documentos para que sua pesquisa seja exploratória-descritiva. A menção a dados alheios como reforço argumentativo é parte da própria revisão de literatura e não muda a natureza de trabalhos jurídicos meramente dogmáticos e/ou teóricos.

---

15. "Um cuidado é importante! É muito comum ver estudos, principalmente em Direito, se autodeclararem exploratório-descritivos sem, contudo, tratar deste tipo de abordagem em nenhuma parte de seu texto: a dimensão empírica é inerente a todas as pesquisas exploratórias! Se a pesquisa proposta não utiliza metodologia empírica (quantitativa, qualitativa ou mista), não pode ser considerada exploratória nem tampouco descritiva" (Gomes Neto *et al.*, 2023, p. 77).

> [...] É preciso que haja efetivamente um problema de pesquisa empírico e a coleta pela pessoa responsável pela pesquisa de dados empíricos originais sobre o fenômeno estudado. Do contrário, não se trata de pesquisa exploratória (Gomes Neto *et al.*, 2023, p. 77).

Se o(a) pesquisador(a) está conduzindo um estudo exploratório, em grande parte descritivo, é porque realmente não conhece os parâmetros ou a dinâmica de um determinado ambiente social ou fenômeno, razão pela qual é inapropriado utilizar, neste momento, instrumentação mais sofisticada ou experimentos fechados (Miles *et al.*, 2014). A pesquisa exploratória, por natureza, está interessada em desenvolver teoria a partir das descobertas relacionadas aos casos, tendo que lidar com a interpretação adequada das informações, de forma a especificar os conceitos de interesse, eventuais relações causais, bem como a presença e efeito de relações contextuais e resultados (Wicks, 2010, p. 155).

> Essa forma de estudo de caso é frequentemente aplicada como uma etapa preliminar de um projeto de pesquisa causal ou explicativo geral, explorando um campo relativamente novo de investigação científica, no qual as questões de pesquisa não foram claramente identificadas e formuladas ou os dados necessários para uma formulação hipotética ainda não foram obtidos (Streb, 2010, p. 373).

Tabela 9 – Estudo de caso exploratório

Especificar, a partir da teoria sobre o tema, o que está sendo explorado (Yin, 2003)	Seleção de caso a ser explorado potencialmente, revelador de novas informações	Interpretação (análise) das informações originais (dados) obtidas a partir da exploração do caso	Identificação de uma hipótese testável a partir da interpretação dos resultados obtidos
Fase 1	Fase 2	Fase 3	Fase 4

Fonte: Elaboração dos autores.

A realização do estudo de caso exploratório passa necessariamente por quatro fases sucessivas. Na primeira fase, a investigação busca especificar, a partir da teoria sobre o tema, o que está sendo explorado (Yin, 2003). A segunda fase se dedica a selecionar um caso a ser explorado potencialmente revelador de novas informações. Importante ressaltar que, *em estudos de caso exploratórios, não há hipótese prévia a ser identificada e testada*.

No decorrer da terceira fase, a tarefa será a interpretação (análise) das informações originais obtidas a partir da exploração do caso. Na quarta e última fase, com base no que foi obtido e analisado, busca-se a identificação de *uma hipótese testável*, a partir da interpretação dos resultados obtidos, sendo o estudo de caso, aqui, uma fonte para a construção de novas teorias sobre o fenômeno estudado e sobre o respectivo tema. Na dimensão exploratória dos estudos de caso, *a hipótese sobre o problema de pesquisa é justamente o produto da atividade investigativa realizada*.

Estudos de caso exploratórios são uma ferramenta essencial para obter uma compreensão mais profunda de fenômenos sociais complexos, *sobre os quais pouco ou nada se sabe*. Permitem aos pesquisadores gerar hipóteses e estabelecer possíveis relações causais entre as variáveis, assim como fornecer informações sobre como o contexto afeta o comportamento e os processos de tomada de decisão. Ao conduzir estudos de caso exploratórios, os pesquisadores podem descobrir novos fatores anteriormente desconhecidos que influenciam o assunto sob exame e desenvolver uma compreensão mais abrangente do problema em questão.

7.1 Realizando um estudo de caso exploratório

7.1.1 Os superpoderes do presidente do STF durante o recesso judicial e férias (Gomes Neto; Lima, 2018)[16]

Compete ao ministro-presidente do Supremo Tribunal Federal a apreciação de "questões urgentes" (art. 13, VIII, do Regimento Interno

---

16. Disponível em: https://bit.ly/3LIKkze

do STF), nos períodos de recesso e nas férias coletivas dos ministros (janeiro e julho). Durante esse breve momento, as normas acima referidas ampliam a competência decisória da presidência do Tribunal, permitindo-lhe conhecer e decidir sozinho (monocraticamente) as mais diversas questões, bem como concentram todas as resoluções na pessoa de quem esteja no exercício da função nesse período excepcional (presidente ou vice-presidente).

Como descrever o comportamento desse relevante ator jurídico-político durante esse período? Para responder a essa pergunta, Gomes Neto e Lima (2018) empregaram uma metodologia exploratória e descritiva, com exposição das normas que regulam o papel do presidente do Tribunal e suas atividades durante o recesso (modelo legal-institucional), bem como debatem – a partir de decisões tomadas (casos) – as possibilidades de interação com os demais atores políticos (modelo estratégico). Trata-se de análise qualitativa de caso, que aborda decisões tomadas durante os recessos e férias coletivas de 2011, 2013, 2015, 2017 e 2018, abrangendo a presidência de quatro ministros do STF. A referida análise justifica-se pelo objetivo de compreender *como é construída a concepção de urgência*, para efeitos de atuação do ministro-presidente durante o período excepcional.

Tabela 10 – Estratégias dos ministros presidentes do Supremo Tribunal Federal quando provocados a decidir durante período excepcional

Admissibilidade	Resultado	Favorecido	Estratégia
Conhece o pedido (urgente)	Defere a pretensão	Requerente	Ativa e/ou contramajoritária
Conhece o pedido (urgente)	Indefere a pretensão	Requerido	Passiva e/ou majoritária
Não conhece o pedido (não urgente)	Deixa de decidir	Requerido	Autorrestrição expressa

Não se manifesta sobre a urgência, deixando expressamente para o ministro-relator decidir (não urgente)	Deixa de decidir	Requerido	Autorrestrição tácita
Silencia até o fim do período excepcional (não urgente)	Deixa de decidir	Requerido	Autorrestrição tácita

Fonte: Elaboração dos autores com base nas decisões colhidas diretamente no sítio eletrônico do Supremo Tribunal Federal.

Na primeira fase, verificaram na literatura (seja em Direito ou em Ciência Política) a ausência de informações aprofundadas sobre as instituições que regulam esse período excepcional, a respectiva concentração de poderes e as peculiaridades do comportamento judicial estudado. Já na segunda fase, selecionaram situações em que os ministros-presidentes foram provocados a decidir, na referida circunstância excepcional.

Observa-se que, na terceira fase, identificaram que o desenho institucional da Corte, nas referidas situações, permite à presidência subjetivamente optar entre várias estratégias disponíveis, conforme o contexto sociopolítico, os incentivos de cada caso e os respectivos custos decisórios, conforme subjetivamente define e redefine, discricionariamente, o sentido da expressão *urgência*.

Gomes Neto e Lima (2018) concluíram seu trabalho (quarta fase), com a resposta qualitativa à referida questão, propondo uma hipótese específica para o estudo daquele comportamento judicial, segundo a qual, no *puzzle* da formação da agenda decisória judicial, o desenho normativo do Tribunal (STF) assegura ao ministro-presidente instrumentos processuais que viabilizam uma ampla gama de possibilidades decisórias no período excepcional referido, explicativas da inserção desse ator específico no concerto entre os poderes da República e suas relações com a sociedade.

7.1.2 Organizações regionais intergovernamentais e a difusão transnacional de políticas públicas de saúde (Agostinis, 2019)[17]

O que leva países a adaptarem suas políticas públicas às políticas aplicadas em outros países? Agostinis (2019) examina esse problema de pesquisa com um estudo de caso centrado em organizações intergovernamentais regionais, buscando estudar quais foram os efeitos domésticos da cooperação em saúde entre países membros da União das Nações Sul-americanas (Unasul).

A literatura sobre o tema, na primeira fase do estudo, parte de dois grandes grupos teóricos: a) os estudos sobre difusão transnacional de políticas, focados na identificação dos mecanismos que conduzem a adoção de políticas realizadas por outros países e/ou organizações internacionais; e b) a europeização das políticas, que aborda esses mecanismos de difusão aplicados à União Europeia, analisando os efeitos das instituições europeias sobre as políticas domésticas dos seus membros. Individualmente, esses dois grupos não conseguem explicar a difusão de políticas entre membros de organizações regionais que não possuem capacidade de desenvolvimento de normas com força impositiva. O artigo propõe preencher esta lacuna sugerindo uma conexão entre as diferentes literaturas que ajude a compreender a interconexão entre os níveis doméstico e regional quando não há uma autoridade supranacional.

Para isso, no caso selecionado, o Conselho de Saúde da Unasul oferece um laboratório de análise sobre a difusão transnacional de políticas públicas. Após a sua criação, seu funcionamento permitiu aos países-membros da Unasul reduzir os custos de transação e aumentar o intercâmbio de informações entre as suas burocracias de saúde em, pelo menos, quatro situações específicas[18], analisadas no artigo com técnicas

---

17. Disponível em: https://t.ly/rcxc
18. O autor se refere a estas situações, em seu artigo, como casos. É nossa interpretação, no entanto, que o caso é o Conselho de Saúde da Unasul; o que o autor apresenta como casos poderiam ser lidos como diferentes observações do caso. Porém, como ressaltamos na primeira

de *process tracing*: a) Colômbia, Uruguai e a Rede de Institutos Nacionais do Câncer; b) Uruguai e a Rede de Escolas de Saúde Pública; c) Peru e a Rede de Institutos Nacionais de Saúde.

As informações encontradas por Agostinis demonstram que organizações regionais intergovernamentais como a Unasul funcionam como catalisadores desses processos ao criarem pontes entre as necessidades compartilhadas dos países-membros e ao reconhecimento de capacidades assimétricas entre eles sobre essas necessidades. A lógica de funcionamento é diferente daquela encontrada em organizações como a União Europeia e a União Africana, que ancoram a difusão de normas em âmbito regional em normas de caráter impositivo. A redução de custos de transação e facilitação do intercâmbio de conhecimentos em matérias nas quais há reconhecida necessidade de melhorias favorece a cooperação e a criação de redes transnacionais induzidas, mas não impostas, pela institucionalização da Unasul.

O levantamento de dados e interpretação proposta por Agostinis sugere que é possível haver difusão transnacional de políticas públicas em âmbito regional de forma não hierárquica, catalisada por instituições regionais setoriais. Esta é a hipótese a ser testada em futuras pesquisas, observando se o mesmo ocorre em outras regiões ou se a Unasul é um caso único. Agostinis defende ser possível, por meio do quadro analítico que propõe em seu trabalho, examinar organizações regionais intergovernamentais localizadas em diferentes partes do mundo, o que tornaria possível compreender melhor os efeitos das instituições regionais em contextos onde há limitada delegação de autoridade para instituições supranacionais e baixa integração entre os estados-membros.

---

parte deste livro, a interpretação do que é um caso e do que é uma observação depende, ao fim e ao cabo, de como se estrutura a pesquisa. Uma interpretação que decida seguir a opção de classificação de Agostinis (2019), por exemplo, poderia enquadrar esse artigo como exemplo de estudo de caso coletivo, não exploratório. Para mais detalhes, cf. nosso capítulo sobre estudos de casos coletivos.

7.1.3 A sutil diferenciação entre usuário de drogas e traficante (Dinú; Mello, 2017)[19]

Em tempos em que o Supremo Tribunal Federal está discutindo a constitucionalidade do crime de porte de drogas para uso pessoal, uma outra discussão de suma importância não pode ser olvidada (primeira fase): *Como se dá, na prática, a diferenciação entre o usuário e o traficante? Quais são os critérios utilizados?* Afinal, a depender dessa distinção, a sorte do agente no sistema penal pode tomar rumos diametralmente opostos. Ou a ele será imposta a disciplina dos crimes de menor potencial ofensivo, sem que haja qualquer ameaça de aplicação de pena privativa de liberdade (art. 28 da Lei 11.343/06), ou serão aplicadas as normas relativas aos crimes hediondos e correlatos, e pena privativa de liberdade mínima de cinco anos (art. 33 da Lei 11.343/06) (Dinú; Mello, 2017).

Além de o sistema punir, em sua grande maioria, os pequenos traficantes, mais vulneráveis, ele permite que usuários sejam detidos como traficantes, a depender do encaixe nos tipos determinados pela ideologia da diferenciação. Com a intenção de ilustrar o cenário descrito, as autoras realizaram um estudo de caso exploratório da sentença proferida no Processo 0001908-44.2012.8.17.1030, da justiça comum de Pernambuco. O caso escolhido (segunda fase) sugere a respeito do todo e não apenas do estudo dele próprio, ao se elucidar tanto o que é comum quanto o que é particular no processo analisado (Dinú; Mello, 2017).

Escolheram a referida metodologia porque, no seu modo de ver, por mais que o estudo de caso seja, em tese, passível da crítica da dificuldade de generalização, ele se faz útil no presente intuito, exatamente porque são as suas singularidades que demonstram, de forma clara, os impasses na distinção entre usuário e traficante e, pior, como um usuário pode ser tido por traficante, em virtude da seleção do sistema via estereótipos (Dinú; Mello, 2017).

---

19. Disponível em: https://bit.ly/43jnUL5

Analisando o referido caso (terceira fase), as autoras verificaram que a diferenciação entre usuário e traficante é repleta de funções ocultas. Todavia, após destrinchar a sentença condenatória, resta a dúvida, apenas no discurso declarado pela dogmática penal, do porquê o respectivo condenado foi tido por incurso nas penas do art. 33 da Lei 11.343/06, quando a acusação tinha por fundamento basicamente a palavra dos corréus, e esses, surpreendentemente, foram uníssonos no sentido de que condenado seria o comprador da maconha (Dinú; Mello, 2017).

Concluíram (quarta fase) que a construção dogmática sobre usuários e traficantes, baseada na ideologia da diferenciação, promove situações de injustiça, diante da discricionariedade/arbitrariedade permitida pelas normas. No caso objeto daquela pesquisa, por mais que tudo indicasse a condição de comprador de maconha, critérios outros parecem ter influenciado a juíza para a condenação. Verificou-se, ainda, do próprio caso estudado, que diante da condição do condenado, já recluso em estabelecimento prisional, seria no mínimo confortável imputar a ele um rótulo que já carrega, o de criminoso. Para o sistema, é natural esperar que quem já cumpre pena privativa de liberdade ou está em prisão provisória reafirme a sua tendência delituosa e cometa novos crimes (Dinú; Mello, 2017).

7.1.4 Pandemia da covid-19 e a judicialização da saúde pública (Carvalho et al., 2020)[20]

A pandemia da covid-19 mostrou, de forma contundente, as mazelas sociais e do sistema de saúde: o colapso desse último, pelo número crescente de doentes e pela agressividade do Sars-CoV-2, foi vivenciado em alguns estados brasileiros e muito próximo em outros. A demanda de cuidados complexos e o uso de tecnologias diversas, a escassez de Equipamento de Proteção Individual (EPI), a falta de leitos para

---

20. Disponível em: https://t.ly/DTlF

internação e de profissionais de saúde em quantidade e qualidade explicam a situação calamitosa dos serviços (Carvalho *et al.*, 2020).

Entendem os autores que tal cenário era passível de elevar a insatisfação da população e dos profissionais com o sistema de saúde brasileiro e com as condições laborais. Nessa perspectiva, asseverou-se haver potencial para aumentar a judicialização da saúde durante a epidemia (Carvalho *et al.*, 2020).

Identificaram o seguinte problema de pesquisa (primeira fase): *Quais são os motivos e os desfechos dos casos de judicialização da saúde relacionados à covid-19, bem como os impactos para o atendimento do direito fundamental à saúde?* Buscaram explicar tal fenômeno mediante causalidade qualitativa, a partir de três objetivos: i) identificar as razões que conduziram à judicialização da saúde relativas à pandemia da covid-19; ii) descrever o desfecho das ações judiciais relacionadas à assistência em saúde abrangendo a covid-19; e iii) analisar os casos de judicialização da saúde relacionados à pandemia da covid-19 com vistas à garantia do direito à saúde da população (Carvalho *et al.*, 2020).

Os casos escolhidos (segunda fase) foram Ações Civis Públicas (ACP) relacionadas à saúde e às situações da pandemia da covid-19, propostas na jurisdição do Rio de Janeiro, as quais continham decisões, ainda que em caráter precário, visto que se tratava de pronunciamento liminar (não definitivo). A análise dos dados foi baseada nos seguintes procedimentos: descrição sintética dos casos selecionados, focando em conteúdo que permitisse a compreensão da problemática pontuada; comparação do conteúdo das decisões judiciais com a legislação e a jurisprudência; e, em sequência, a criação de duas categorias analíticas que possibilitaram a discussão dos casos à luz da literatura (Carvalho *et al.*, 2020).

Ao analisar os casos (terceira fase), verificou-se que o objetivo da judicialização da saúde naqueles processos foi a obtenção de decisões para assegurar o respeito aos direitos fundamentais dos cidadãos pelo Poder Público, bem como garantir o atendimento de medidas e recomendações técnico-científicas que protegessem a população durante a pandemia (Carvalho et. al., 2020).

Concluíram (quarta fase) que as informações sobre aquelas medidas de judicialização das políticas de saúde, naquele momento intenso de pandemia (2020), trazia à tona o fato de haver um enorme contingente da sociedade brasileira sem a devida assistência pelo Poder Público, ressaltando a fragilidade do sistema, a potencialização do agravamento da covid-19, bem como a possível elevação do número de óbitos decorrentes dessa enfermidade. Os dados colhidos mostravam, ainda, o descumprimento pelo Estado das prerrogativas constitucionais no que tange ao direito à saúde e à dignidade da pessoa humana (Carvalho *et al.*, 2020).

7.1.5 *A informalização da justiça penal no Brasil (Azevedo, 2001)*[21]

No Brasil, a incorporação dessas inovações no sistema judicial teve impulso a partir dos anos de 1980, em especial após a promulgação da Constituição de 1988. Uma série de novos mecanismos para a solução de litígios foi criada com vistas à agilização dos trâmites processuais, entre os quais têm um significado relevante os Juizados Especiais Cíveis e Criminais, voltados para as chamadas pequenas causas e para os delitos de menor potencial ofensivo, previstos no ordenamento constitucional e regulamentados pela Lei federal 9.099, de setembro de 1995 (Azevedo, 2001).

A implantação dos Juizados Especiais Criminais (JEC) integra uma lógica de informalização entendida não como a renúncia do Estado ao controle de condutas e no alargamento das margens de tolerância, mas como a procura de alternativas de controle mais eficazes e menos onerosas. Para esses Juizados, vão confluir determinados tipos de delitos (com pena máxima em abstrato até um ano) e de acusados (não reincidentes). Com a sua implantação, espera-se que as antigas varas criminais possam

---

21. Disponível em: https://t.ly/F8sF

atuar com maior prioridade sobre os crimes de maior potencial ofensivo (Azevedo, 2001).

Promulgada a Lei 9.099/95, o rito processual nela previsto passou a ser imediatamente aplicado, pelas Varas Criminais Comuns, para os delitos de menor potencial ofensivo, especialmente a suspensão condicional do processo e as novas alternativas de conciliação entre vítima e autor do fato e de transação entre Ministério Público e autor do fato. Porto Alegre foi uma das primeiras comarcas de grande porte a criar os Juizados Especiais Criminais, que passaram a ter competência exclusiva para o processamento dos delitos previstos na Lei 9.099/95, com a edição da Lei estadual 10.675, em 2 de janeiro de 1996, que criou o Sistema dos Juizados Especiais Cíveis e Criminais no Estado do Rio Grande do Sul (Azevedo, 2001).

Pelo pioneirismo de sua implantação, os Juizados Especiais Criminais de Porto Alegre constituem-se em um importante laboratório para a verificação da aplicabilidade dos dispositivos da Lei 9.099/95, das mudanças no movimento processual efetivamente ocorridas, assim como das dificuldades estruturais existentes na máquina burocrática do poder judiciário no sentido de oferecer uma prestação de justiça mais ágil e voltada para a defesa dos interesses e a resolução dos dilemas da clientela do sistema penal – vítimas e acusados (Azevedo, 2001).

Então (primeira fase), *como ocorreu a implantação dos Juizados Especiais Criminais na Comarca de Porto Alegre?* Buscando responder a seu problema de pesquisa (segunda fase), considerou como caso único a observação sistemática de audiências realizadas nesses Juizados, nos meses de junho a outubro de 1998, num total de sessenta audiências, sendo 28 delas nos Fóruns Regionais e 32 no Fórum Central. A verificação do que efetivamente ocorre no momento de interação face a face entre os operadores jurídicos do sistema e a sua clientela permitiu verificar a existência de uma série de padrões de judicialização de conflitos nos Juizados Especiais Criminais. Foram constatados alguns tipos de delito predominantes, vinculados a determinadas formas de conflitualidade social. Em relação às partes envolvidas, foi possível verificar como se distribuem vítimas e autores do fato a partir da variável de gênero (Azevedo, 2001).

Analisando os dados observados (terceira fase), constatou-se que no caso dos Juizados Especiais Criminais brasileiros, há uma situação bastante diferenciada. Em vez de retirar do sistema formal os casos considerados de menor potencial ofensivo, a Lei 9.099/95 incluiu esses casos no sistema, mediante mecanismos informalizantes para o seu ingresso e processamento. A dispensa da realização do inquérito policial para os delitos de competência dos Juizados Especiais Criminais retirou da autoridade policial a prerrogativa que tinha de selecionar os casos considerados mais "relevantes", que resultava no arquivamento da grande maioria dos pequenos delitos. O problema é que a estrutura judiciária não foi adequada para o recebimento dessa nova demanda, que passou a representar quase 90% do movimento processual penal (Azevedo, 2001).

Ao final (quarta fase), concluiu que os Juizados Especiais Criminais, tendo surgido sob a ideologia da conciliação e da dispersão para desafogar o judiciário, acabaram abrindo as portas da justiça penal a uma conflitualidade antes abafada nas delegacias, e para a qual o Estado é chamado a exercer um papel de mediador, mais do que punitivo. Com a promessa de resolver disputas por meio da comunicação e do entendimento, e permitindo uma intervenção menos coercitiva e mais dialógica, em um espaço estrutural (a domesticidade, os relacionamentos interpessoais) que antes ficava à margem da prestação estatal de justiça, a informalização da justiça penal pode ser um caminho para o restabelecimento do diálogo, contribuindo para reverter a tendência de dissolução dos laços de sociabilidade no mundo contemporâneo (Azevedo, 2001).

É importante lembrar!

- Toda análise exploratória é também descritiva, mas nem toda análise descritiva é exploratória.
- A dimensão empírica é inerente a todas as pesquisas exploratórias. Se a pesquisa proposta não utiliza metodologia empírica (quantitativa, qualitativa ou mista), não pode ser considerada exploratória, tampouco descritiva.
- Análises qualitativas exploratórias desenvolvidas mediante estudo de caso trazem a descrição de *novas informações empíricas sobre fatos relevantes* já conhecidos para o tema abordado ou apresentam à comunidade acadêmica *novos fatos* até então *desconhecidos e/ou não enfrentados* pela literatura, descrevendo informações relevantes retiradas deles.

8
Estudo de caso coletivo (comparativo ou múltiplo)

> *O estudo de caso comparativo examina com riqueza de detalhes o contexto e as características de duas ou mais ocorrências de fenômenos específicos.*
> Campbell, 2010.

O estudo comparativo entre dois grupos, em um teste de medicamento, é um aspecto crucial da pesquisa médica, que visa determinar a eficácia de um determinado medicamento ou tratamento. Esse tipo de estudo envolve a comparação dos resultados entre dois grupos de pacientes: um grupo recebe o medicamento que está sendo testado, enquanto o outro grupo recebe um placebo ou um tratamento alternativo. Os resultados deste estudo permitem que os pesquisadores identifiquem qual intervenção tem um melhor resultado, ajudando médicos e profissionais de saúde a tomar decisões informadas em evidências sobre as opções de tratamento. Essa é a ideia de um estudo de caso coletivo: *comparar (qualitativamente) casos ou grupos de casos para responder a um problema de pesquisa.*

Um estudo de caso comparativo (coletivo ou múltiplo) ocorre quando olhamos para duas ou mais coisas (fatos, fenômenos ou outros objetos de interesse) que são semelhantes em alguns aspectos e diferentes em outros, realizando análises para ver o que deles podemos aprender. A análise qualitativa, nessas situações, enfrenta as semelhanças e dessemelhanças entre os casos, aprofundando informações sobre o fenômeno estudado.

> O estudo pode ser de caso único ou múltiplo, a depender dos objetivos da pesquisa. O caso único resulta ou da excepcionalidade do fenômeno ou dos objetivos específicos da pesquisa. A investigação de vários casos, por sua vez, não tem a pretensão da representação estatística, mas é uma estratégia metodológica para produzir *comparação entre diferentes complexidades* em torno de um problema comum. A delimitação não segue propriamente critérios probabilísticos. *Buscam-se variações e não uniformidade* (Almeida, 2016, p. 65).

É como comparar dois pratos no menu de um restaurante para ver qual deles você gosta mais, a partir de características como aroma, sabor, aparência e ingredientes; mas, em vez de comida, podemos comparar, por exemplo, duas políticas públicas, dois grupos de pacientes ou dois (ou mais) países, para ver em que são semelhantes e/ou diferentes e o que podemos aprender a partir de suas informações e respectivas configurações.

> Essa forma de estudo de caso ainda busca a "descrição densa" comum em estudos de caso único; no entanto, o objetivo dos estudos de caso comparativos é descobrir contrastes, semelhanças ou padrões entre os casos. Essas descobertas podem, por sua vez, contribuir para o desenvolvimento ou a confirmação da teoria (Campbell, 2010, p. 175).

Estudos de caso comparativos são experimentos qualitativos múltiplos e não instâncias de assuntos múltiplos (ou variáveis) em um único experimento (Yin, 2003). Ampliam o valor da abordagem do estudo de caso por meio da construção e comparação iterativas de modelos, permitindo "uma profundidade de análise, fornecendo uma oportunidade para determinar padrões nos dados que adicionam ou estendem a aplicação da teoria, ou enriquecem e refinam a estrutura teórica" (Campbell, 2010).

Tabela 11 – Estudo de caso coletivo (comparativo ou múltiplo)

Identificação na literatura do problema de pesquisa e da hipótese testável	Seleção dos casos que serão comparados e especificação dos parâmetros de comparação	Comparação entre os casos (análise das semelhanças e diferenças)	Elaboração de respostas ao problema de pesquisa a partir da análise comparativa
Fase 1	Fase 2	Fase 3	Fase 4

Fonte: Elaboração dos autores, para efeitos didáticos.

Na primeira fase do estudo, será feita a identificação na literatura do problema de pesquisa e da hipótese testável. O objeto da segunda fase será a seleção dos casos que serão comparados e a especificação dos parâmetros de comparação. Adentrando a terceira fase, o estudo comparativo promoverá efetivamente a comparação entre os casos, analisando as semelhanças e diferenças, coletando as informações e configurações relevantes para o problema de pesquisa. Por derradeiro, na quarta etapa, a pesquisa se dedica à elaboração de respostas ao problema de pesquisa a partir da análise comparativa.

> Uma comparação pode ter pelo menos duas funções principais. Pode ajudar a desconstruir o que o senso comum considera único ou unificado. Pelo contrário, pode construir a unidade do que parece fragmentado em categorias práticas. Nunca é tão útil como quando combina estas duas funções e assim justifica tanto a desconstrução de um preconceito como a construção de uma categoria científica (Wieviorka, 2009, p. 170).

Pelo estudo de caso comparativo, o pesquisador busca "a construção (e teste) de explicação causal a partir da observação de vários casos, explorando com maior profundidade a diversidade causal sugerida pela teoria utilizada" (Rezende, 2011).

Os métodos qualitativos comparativos (dentre os quais o estudo de caso múltiplo) oferecem importantes vantagens, particularmente em campos de pesquisa social que lidam com fenômenos complexos e multifacetados. Ao comparar e contrastar diferentes casos ou configurações, os pesquisadores podem identificar semelhanças e diferenças que podem ajudar a explicar os processos subjacentes em jogo. Isso permite uma compreensão mais sutil do tópico sob investigação em confronto com aquela que poderia ser alcançada apenas por meio de estudos de caso individuais.

8.1 Realizando um estudo de caso coletivo

8.1.1 *Combate à pandemia da covid-19 e sucesso eleitoral nas capitais brasileiras em 2020 (Sandes-Freitas et al., 2021)*[22]

A referida pesquisa analisou as eleições municipais de 2020, realizadas em um contexto de pandemia da covid-19, em que os prefeitos tiveram de adotar medidas sanitárias impopulares para minimizar efeitos da crise de saúde pública. Por isso, buscou-se explicar o sucesso eleitoral de prefeitos ou seus sucessores, a partir de *um estudo de caso múltiplo* (realizado pela técnica QCA), onde foram testadas quatro condições básicas: aprovação do prefeito; grau de restrição das medidas de isolamento social; alinhamento do prefeito com o presidente; e taxa de óbitos por covid-19 por 100 mil habitantes (primeira fase).

Nesse sentido, *seria possível identificar variáveis políticas e contextuais que explicam o sucesso eleitoral dos prefeitos (ou de seus candidatos) das capitais brasileiras?* Foram analisados os resultados das eleições municipais em 25 capitais (cada uma, um caso), assumindo como sucesso a situação em que prefeitos lograram êxito em se reeleger ou que conseguiram eleger o sucessor, visando verificar se a forma como os prefeitos de capitais lidaram com a crise sanitária impactou em seu sucesso eleitoral (segunda fase).

---

22. Disponível em: https://bit.ly/3Whuuze

Tabela 12 – Tabela-verdade com as configurações de condições e o *outcome* – mv-QCA

C1 Aprovação do prefeito	C2 Rigidez das medidas	C3 Taxa de mortes	C4 Alinhamento com o presidente	*Outcome* Sucesso eleitoral	Casos
0	0	1	0	0	Rio Branco, São Luís
0	1	1	0	0	Maceió, Manaus, Vitória
0	1	2	0	C*	Belém (0), Recife (1)
0	2	1	0	0	João Pessoa, Porto Alegre, Teresina
0	2	2	1	0	Rio de Janeiro
1	0	0	0	1	Curitiba, Florianópolis
1	0	1	0	1	Goiânia, Natal
1	0	2	0	1	Cuiabá, Fortaleza
1	1	0	0	1	Campo Grande, Palmas
1	1	1	0	1	Aracaju, Boa Vista, Salvador, São Paulo
1	2	0	0	1	Belo Horizonte
1	2	2	0	1	Porto Velho

Obs.: 1) Macapá foi excluído pelo fato de ter realizado eleições posteriormente à data da elaboração do artigo. 2) O C* representa uma contradição; isto é, uma mesma configuração causal apresenta dois resultados distintos.

Fonte: Sandes-Freitas *et al.*, 2021.

Na terceira fase, os resultados das configurações mais relevantes para explicar o sucesso eleitoral do prefeito (seja se reelegendo, seja fazendo o sucessor) indicam que quatro configurações são relevantes para a análise dos casos de sucesso eleitoral. Destacamos que há uma condição necessária para explicar o succsso eleitoral da situação: o não alinhamento do prefeito ao presidente da República (condição 4, com o valor "0"). Essa condição se mostra importante, no entanto, possui pouca variação entre os casos, dado que apenas um prefeito de uma capital (o do Rio de Janeiro) se alinhou ao presidente da República em relação ao combate à pandemia. Os demais buscaram se afastar da retórica bolsonarista e impuseram medidas de isolamento social, em maior ou menor grau (Sandes-Freitas *et al.*, 2021).

A maior parte dos prefeitos de capitais, portanto, buscou se desvincular do presidente, como forma de se contrapor ao posicionamento negacionista e anticientífico preconizado por Jair Bolsonaro. É possível que os prefeitos de capitais, mesmo os mais próximos ideologicamente ao presidente, avaliaram os custos políticos e de saúde pública de negar enfrentar a pandemia da covid-19 com posicionamentos públicos e medidas restritivas, uma vez que são os municípios que sofrem pressões sobre o seu sistema de saúde, além, é claro, das possíveis consequências eleitorais que a ausência de um combate efetivo poderia gerar, sobretudo em um ano de pleitos municipais (Sandes-Freitas *et al.*, 2021).

Outra condição relevante da análise, reportada pelo teste, foi a condição "aprovação do prefeito", que se mostrou suficiente para explicar os casos de sucesso eleitoral da situação; ou seja, quando acontece, o resultado é, necessariamente, sucesso. A condição do prefeito ser aprovado pela população ocorre em todas as configurações causais relevantes, o que implica a importância de se considerar a aprovação dos prefeitos na reeleição ou na eleição do sucessor. Mais uma condição significativa para o sucesso eleitoral da situação é a baixa taxa de mortes por covid-19 (condição 3, com valor "0"), que aparece em cinco capitais. A aprovação do prefeito pode ter sido afetada pela percepção de um bom desempenho do prefeito no combate à pandemia da covid-19. Observaram que todos os casos que apresentaram baixa taxa de mortes são de prefeitos com alta aprovação, sendo esses de sucesso eleitoral. Essas condições, conjuntamente, aparecem em 1/3 dos casos de sucesso: Belo Horizonte, Campo Grande, Curitiba, Florianópolis e Palmas (Sandes-Freitas *et al.*, 2021).

Por fim, diferentemente do esperado, medidas muito rígidas de isolamento social (condição 2, com valor "2") não resultaram, necessariamente, em sucesso eleitoral, pois em apenas dois casos (Belo Horizonte e Porto Velho) essa condição estava presente. Nesse sentido, é possível conjecturar que medidas de isolamento social, que perduram no tempo, podem impactar negativamente a avaliação do prefeito, suscitando consequências sobre os resultados eleitorais, sobretudo, no caso brasileiro, em que essas medidas, por si só, não geram necessariamente um resultado exitoso no combate à pandemia e às suas consequências sociais e econômicas. A intermitência da política pública de auxílio emergencial e a adoção de valores baixos podem ter levado a população a não respeitar as diretrizes de isolamento social, dado que o impacto econômico da paralisação de atividades foi sentido fortemente pelos cidadãos (Sandes-Freitas *et al.*, 2021).

Houve uma configuração que resultou em contradição; isto é, quando uma mesma configuração apresenta dois resultados diferentes. Trata-se dos casos de Belém e Recife. Era esperado que o caso de Belém, com baixa aprovação do prefeito (condição 1, com o valor "0") e alta taxa de mortes (condição 3, com o valor "2"), resultasse em derrota para a situação. A contradição, portanto, reside no caso de Recife, que, com a mesma combinação de condições de Belém, resultou na vitória do sucessor do prefeito. Tal cenário decorre das particularidades da política local da capital pernambucana, em que o resultado de interesse pode ter sido explicado por uma outra configuração. Recife foi o único caso de vitória da situação em que o prefeito não possuía alta aprovação (Sandes-Freitas *et al.*, 2021).

Encontrou-se (quarta fase), ao comparar os resultados das eleições municipais de 2020, que as capitais com prefeitos bem avaliados e baixas taxas de óbitos elegeram candidatos da situação, ainda que outras configurações também tenham levado ao sucesso eleitoral desses candidatos.

8.1.2 "Foro privilegiado" em perspectiva comparada entre os países da América Latina (Oliveira et al., 2023)[23]

O que influencia nos países latino-americanos a existência de foro por prerrogativa de função – também denominado "foro privilegiado" – para algumas autoridades políticas? Para garantir que os presidentes não sejam perseguidos por motivos políticos, o Brasil estabeleceu em seu desenho institucional que o Supremo Tribunal Federal seria o único tribunal com poderes para julgar acusações de crimes comuns imputadas a presidentes (exceto casos de *impeachment*), deputados federais e senadores, entre outras altas autoridades políticas.

No caso do Brasil, o Supremo Tribunal Federal tende a usar o tempo e o poder de agendamento para escolher quando, quem e até mesmo se julgarão acusações criminais contra altas autoridades. O objetivo original da criação do referido benefício era proteger a atividade política, dado o histórico recente de autoritarismo no país, fortemente influenciado pelos estudos sobre a redemocratização da região. No entanto, estudos recentes constataram que esse instituto não surtiu os efeitos esperados: serviu de blindagem para que membros das classes políticas mais altas não fossem condenados e punidos por atos ilícitos. Com base no exemplo brasileiro, o estudo de caso múltiplo buscou entender *se outros países latino-americanos também oferecem a mesma proteção às suas autoridades e por quê* (Oliveira *et al.*, 2023).

Na primeira fase, identificou seus problemas de pesquisa: *Quais são os fatores que influenciam a existência do privilégio jurisdicional? Além disso, o que influencia a extensão do privilégio dado a mais ou menos autoridades?*

Já na execução da segunda fase, considerou-se cada país latino-americano como um caso (um total de 24 casos, dentre os quais 15 apresentaram a previsão de foro privilegiado no texto de suas constituições, enquanto 9 não apresentavam tal distinção), sendo identificadas, em cada unidade de análise, quais e quantas autoridades políticas recebiam o citado benefício (Oliveira *et al.*, 2023).

---

23. Disponível em: https://bit.ly/3Mhku4s

Tabela 13 – Jurisdictional privilegie and countries' descriptive data

Country	Jurisdiction privilege	Const. Rule	President	Vice president	Senator	Deputy	Justices	Diplomats	Prossecutors	Minister/ Secretary	Military	Others	Indicator
Argentina	1	Art. 116	0	0	0	0	0	1	1	0	0	0	2
Bolivia	1	Art. 184, 4	1	1	0	0	0	0	0	0	0	0	2
Brazil	1	Art. 102, b, c	1	1	1	1	1	1	1	1	1	1	10
Chile	0	-	0	0	0	0	0	0	0	0	0	0	0
Colombia	1	Art. 235	1	1	1	1	1	1	1	1	1	1	11
Costa Rica	1	Art. 121, 9	1	1	0	0	1	1	0	0	0	0	5
Dominica	0	-	0	0	0	0	0	0	0	0	0	0	0
Dominican Republic	1	Art. 154	1	1	1	1	1	1	1	1	0	1	10
Ecuador	1	Art. 431	0	0	0	0	1	0	0	0	0	0	1
El Salvador	1	Art. 182	1	1	0	1	0	0	0	0	0	0	3
Grenada	0	-	0	0	0	0	0	0	0	0	0	0	0
Guatemala	0	-	0	0	0	0	0	0	0	0	0	0	0
Guyana	0	-	0	0	0	0	0	0	0	0	0	0	0
Haiti	0	-	0	0	0	0	0	0	0	0	0	0	0
Honduras	1	Art. 313	1	1	0	1	0	0	0	0	0	0	3
Jamaica	0	0	0	0	0	0	0	0	0	0	0	0	0
Mexico	1	Art. 111	1	1	0	0	0	0	0	0	0	0	2
Nicaragua	1	Art. 130	1	1	0	0	0	0	0	0	0	0	2
Panama	1	Art. 142, 155, 160	1	1	0	1	1	0	0	0	0	0	4
Paraguay	0	-	0	0	0	0	0	0	0	0	0	0	0
Peru	1	Art. 93, 99	1	1	1	1	1	0	1	1	0	0	7
Suriname	1	Art. 140	1	1	1	1	1	0	0	1	0	1	7
Uruguay	0	-	0	0	0	0	0	0	0	0	0	0	0
Venezuela	1	Art. 266	1	1	1	1	1	1	1	1	1	1	10

Fonte: Oliveira *et al.*, 2023.

Dentre os países estudados naquela investigação, 13 (54,17%) protegem presidentes e vice-presidentes, 9 (37,5%) protegem deputados e ministros, 6 (25%) protegem senadores, diplomatas, promotores e ministros/secretários, 5 (20,84%) protegem outras categorias de autoridades políticas e 3 (12,5%) protegem os militares. Colômbia (11), Venezuela (10), Brasil (10) e República Dominicana (10) são os países que têm o foro privilegiado distribuído por um maior número de autoridades políticas (Oliveira *et al.*, 2023).

Argentina, Bolívia, México e Nicarágua possuem apenas duas categorias em suas normas constitucionais que se beneficiam do privilégio de foro, representando a menor intensidade desse benefício. No entanto, isso não ocorre de forma homogênea: enquanto as constituições do México, Bolívia e Nicarágua buscam beneficiar presidentes e vice-presidentes, a Constituição da Argentina confere esse benefício a duas instâncias menos expressivas, especificamente diplomatas e promotores. Os nove países sem regra constitucional sobre privilégios jurisdicionais são Chile, Dominica, Granada, Guatemala, Guiana, Haiti, Jamaica, Paraguai e Uruguai (Oliveira *et al.*, 2023).

Em seguida, foi realizada uma análise comparativa entre os casos (terceira fase), a partir de índices de qualidade institucional (WGI / World Bank), de liberdade (Freedom House) e de qualidade da democracia (V-DEM), combinando descrição de suas informações, análise de dados quantitativos (correlação) e a técnica de comparação qualitativa configuracional (QCA), pelo que se verificou: a) à medida que os indicadores de qualidade institucional diminuíram (direção negativa), aumentava o número de categorias de autoridades públicas protegidas pelo referido privilégio; b) não ser um país plenamente livre e ter baixos níveis de controle da corrupção são condições necessárias e suficientes para que um país tenha privilégio de foro para presidentes, vice-presidentes, deputados ou senadores no texto de sua constituição (Oliveira *et al.*, 2023).

Embora represente um avanço qualitativo significativo na compreensão do fenômeno institucional objeto da pesquisa, a análise comparativa qualitativa não foi capaz de explicar plenamente por que países livres com relativa qualidade institucional (p. ex., Costa Rica) apresentavam muitas situações de foro privilegiado. Talvez este seja mais um indicador da necessidade de rever alguns dos critérios de classificação institucional dos regimes jurídicos e políticos, bem como as definições formais, mínimas e submínimas utilizadas pelos organismos internacionais para entender os países latino-americanos, inclusive instituições regionais peculiares (Oliveira *et al.*, 2023).

Ao final (quarta fase), identificaram que a existência do foro privilegiado é um fenômeno social espalhado pela região latino-americana, diretamente relacionado com países que ainda sofrem com baixa qualidade institucional, liberdades não concretizadas e necessidade de controle da corrupção (Oliveira *et al.*, 2023).

8.1.3 Accountability *em portais eletrônicos de câmaras municipais (SC) (Raupp; Pinho, 2011)*[24]

A expressiva disseminação das tecnologias da informação e comunicação (TICs), por meio de diferenciados instrumentos, tem promovido avanços em diversos setores, como é o caso do setor público, que tem implementado instrumentos com o objetivo de tornar a gestão governamental mais eficiente. O governo eletrônico é uma dessas iniciativas e tem disponibilizado serviços à sociedade, além de possibilitar uma aproximação entre o cidadão e o ente governamental, contribuindo, em tese, para uma maior democratização dos processos, expressa pela *accountability*. Um dos mecanismos utilizados para operacionalizar o governo eletrônico é a implementação de portais eletrônicos (Raupp; Pinho, 2011).

O portal eletrônico é considerado uma tecnologia capaz de possibilitar condições para a construção da *accountability* dos atos públicos. Contudo, a confirmação da utilização do portal eletrônico com esse propósito carece de pesquisas empíricas, particularmente, em relação às câmaras municipais, haja vista que a literatura apresenta pesquisas com

---

24. Disponível em: https://t.ly/qctf

o Poder Executivo. Objetivou-se, portanto, investigar as condições de construção da *accountability* em portais eletrônicos de câmaras municipais (Raupp; Pinho, 2011).

Neste estudo, parte-se do entendimento de que, dependendo dos objetivos e da forma como são implementados, os portais eletrônicos podem contribuir para a construção da *accountability*. Evidentemente, corre-se o risco, quando da criação de um portal eletrônico, de que não haja transparência, prestação de contas e nem participação/interação com os cidadãos, dimensões da *accountability* analisadas no estudo, e que isso possa servir apenas de mural eletrônico. No entanto, são necessárias pesquisas empíricas que apresentem evidências, para que se possa afirmar ou refutar os portais eletrônicos como tecnologia de promoção da *accountability* (Raupp; Pinho, 2011).

Na primeira fase, apresentou-se o problema de pesquisa: *As condições para a construção da* accountability são atendidas pelos portais eletrônicos de câmaras municipais? Para tanto (segunda fase), foram identificados 17 portais eletrônicos de câmaras municipais do estado de Santa Catarina, com o intuito de se observar como são construídas as condições para a prestação de contas e para que haja transparência nos atos públicos e participação/interação com os cidadãos, a partir de um estudo de caso múltiplo (Raupp; Pinho, 2011).

Para tanto (terceira fase), foi construído um modelo de análise com três dimensões da *accountability*: prestação de contas, transparência e participação/interação, a partir de experiências anteriores de diversos autores e instituições. Para cada dimensão, foram agrupados indicadores em três categorias: baixa capacidade, média capacidade e alta capacidade. Observando a ocorrência ou não desses indicadores nos portais, procurou-se detectar a baixa, média ou alta capacidade dos portais em criar condições para a prestação de contas e para que haja transparência e participação/interação. Cada estrato de capacidade se constitui a partir do atendimento de determinadas ofertas de serviços públicos. A partir do modelo de análise, foi elaborado um protocolo de observação para coletar os dados disponíveis nos portais eletrônicos mantidos pelas câmaras municipais (Raupp; Pinho, 2011).

Tabela 14 – Ocorrência dos indicadores de prestação de contas nos portais selecionados

Indicadores	Florianópolis	São José	Criciúma	Tubarão	Jaraguá do Sul	Joinville	Mafra	São Bento do Sul	Balneário Camboriú	Blumenau	Brusque	Itajaí	Rio do Sul	Lages	Caçador	Chapecó	Concórdia
Divulgação parcial e/ou fora de prazo do conjunto de relatórios legais	X		X	X	X	X		X	X	X	X		X		X		X
Divulgação do conjunto de relatórios legais no prazo																	
Divulgação parcial do conjunto de relatórios legais em versões simplificadas								X									
Divulgação do conjunto de relatórios legais em versões simplificadas																	
Divulgação de relatórios gerenciais dos gastos incorridos	X			X													

Fonte: Raupp; Pinho, 2011.

Tabela 15 – Ocorrência dos indicadores de transparência nos portais selecionados

Indicadores	Florianópolis	São José	Criciúma	Tubarão	Jaraguá do Sul	Joinville	Mafra	São Bento do Sul	Balneário Camboriú	Blumenau	Brusque	Itajaí	Rio do Sul	Lages	Caçador	Chapecó	Concórdia
Informações institucionais	X		X	X	X	X	X	X	X	X	X	X	X	X	X	X	X
Notícias	X	X	X	X	X	X	X	X	X	X	X	X	X	X	X	X	X
Informações gerais	X	X	X	X		X	X			X						X	
Legislação	X	X	X	X		X	X	X	X	X	X	X		X	X	X	X
Ferramenta de busca	X	X			X	X									X		X
Download de documentos, textos e relatórios	X	X	X	X	X	X	X		X	X	X	X	X	X	X	X	X
Mapa do site	X	X															X
Links para os setores																	
Links para outros sites	X		X	X	X	X			X	X	X	X	X	X		X	
Vídeos explicativos									X		X	X					
Vídeos das sessões	X	X	X	X	X	X			X	X		X		X			
Divulgação da tramitação das diferentes matérias	X	X		X	X	X	X	X	X	X	X				X	X	
Seção dos atos públicos	X	X	X	X		X	X	X	X	X	X	X	X	X	X	X	X
Divulgação de planos e ações	X																

Fonte: Raupp; Pinho, 2011.

Tabela 16 – Ocorrência dos indicadores de participação/interação nos portais selecionados

Indicadores	Florianópolis	São José	Criciúma	Tubarão	Jaraguá do Sul	Joinville	Mafra	São Bento do Sul	Balneário Camboriú	Blumenau	Brusque	Itajaí	Rio do Sul	Lages	Caçador	Chapecó	Concórdia
Endereço de e-mail	X	X	X	X	X	X	X	X	X	X	X	X	X	X	X	X	X
Telefones	X	X	X	X	X	X	X	X	X	X	X	X	X	X	X	X	X
Formulários eletrônicos	X	X	X	X	X	X	X	X	X		X	X	X	X	X	X	X
Indicação de análise dos e-mails recebidos																	
Monitoramento das ações dos usuários	X	X														X	
Ouvidoria	X						X		X								
Respostas aos e-mails recebidos																	
Chats individuais e/ou coletivos																	
Blog para debate																	

Fonte: Raupp; Pinho, 2011.

Na observação dos indicadores de prestação de contas, a maioria dos indicadores identificados estão nos estratos de baixa e média capacidade. Os demonstrativos são divulgados parcialmente e/ou fora do prazo legal. Em menor proporção, inexiste qualquer tipo de demonstrativo e/ou impossibilidade de sua localização. Os portais eletrônicos observados não possuem condições para a construção de uma efetiva prestação de contas e, consequentemente, para a construção da *accountability* a partir dessa dimensão (Raupp; Pinho, 2011).

Quanto à transparência, a maioria dos portais possui indicadores dos três estratos de capacidade. Esse contexto revela que, de maneira geral, os portais têm condições para a construção da transparência, bem como da *accountability*, a partir dessa dimensão. Todavia, a ausência de análise do conteúdo dos indicadores, que constitui uma limitação do estudo, não permite inferir se há construção da transparência, apenas pressupõe a existência de condições para tal (Raupp; Pinho, 2011).

No tocante à dimensão participação/interação, os indicadores concentram-se no estrato baixa capacidade. A TIC existe. Contudo, não foram observadas características que pudessem indicar que a interatividade realmente ocorra. A participação/interação mostra-se bastante frágil nos portais analisados, sem condições efetivas de contribuir para a construção da *accountability*. As conclusões deste estudo com câmaras municipais do estado de Santa Catarina corroboram Cunha e Santos (2005), quando estes destacam as restrições ao uso dos meios eletrônicos por parte dos vereadores brasileiros. Conforme a pesquisa de Cunha e Santos, os vereadores têm correio eletrônico, o endereço é divulgado e consegue-se obtê-lo facilmente, mas as mensagens recebidas não são respondidas; algumas jamais chegam a ser lidas (Raupp; Pinho, 2011).

Concluíram (fase quatro), pelo conjunto das observações individualizadas das dimensões, que, no estado de Santa Catarina, os portais eletrônicos das câmaras de vereadores de municípios com mais de 50.000 habitantes têm baixa capacidade de viabilizar a construção da *accountability*. Tal constatação indica a possibilidade de resultados ainda mais desanimadores nos municípios com menos de 50 mil habitantes (Raupp; Pinho, 2017).

8.1.4 Prioridade de tramitação processual para as pessoas idosas (Gomes Neto; Veiga, 2007)[25]

A partir do desenvolvimento da ideia de igualdade material como garantia constitucional, o Estado brasileiro assumiu a responsabilidade de efetivá-la mediante ações afirmativas, num contexto social complexo, buscando diminuir pontos de discriminação e promover uma política de igualdade de oportunidades para os mais diversos grupos sociais. Dentre as medidas adotadas ao longo dos anos, está o *Estatuto do Idoso* (Lei federal 10.741, de 01/10/2003), que visa a promover a proteção e a igualdade efetiva para aquele grupo. Nele está contida uma norma que reafirma e amplia *o benefício da prioridade de tramitação processual para maiores de 60 anos*, bastando prova documental da idade da parte e requerimento expresso por seu advogado (Gomes Neto; Veiga, 2007).

Em face da aparente ineficácia concreta desse instituto, os autores realizaram estudo de caso múltiplo (comparativo), para verificar, a partir das informações de processos reais então concluídos (casos), qual o verdadeiro alcance do benefício, averiguando *in loco* a sua utilização e a sua eficiência, desde a distribuição dos processos até a sentença, comparando informações sobre demandas em que foi requerido o trâmite prioritário com informações sobre demandas de trâmite processual comum (Gomes Neto; Veiga, 2007).

Na primeira fase, identificaram seu problema de pesquisa: *O requerimento de tramitação processual prioritária por pessoas idosas é efetivamente atendido pelo Poder Judiciário?* Em sequência (segunda fase) foram extraídas informações de 48 processos findos (processos de conhecimento pelo rito comum), que tramitaram na 2ª Vara Cível da Comarca de Camaragibe, Estado de Pernambuco, com mesma data de ajuizamento, sendo 24 processos com requerimento do benefício de tramitação prioritária e 24 processos com tramitação processual comum. Ressalte-se que não foi fácil encontrar, dentre centenas de processos

---

25. Disponível em: https://bit.ly/3OvMdRI

concluídos, aqueles em que se requeria a concessão (24), possivelmente por desinformação e/ou descrédito dos usuários quanto à utilidade do benefício (Gomes Neto; Veiga, 2007).

Analisando comparativamente as informações sobre o tempo de tramitação dos dois grupos de processo (terceira fase) foram identificadas algumas questões relevantes. Quando o requerimento era deferido pelo juiz, um funcionário afixava na capa do processo uma etiqueta adesiva com o número da lei e a palavra "idoso", indicativa de que aquele processo teria prioridade de tramitação. Entretanto, após este momento, o processo com etiqueta era posto com os demais processos em suas respectivas caixas seletivas e lá continuavam, sem ser separados, aguardando o andamento processual como uma demanda qualquer.

Comparando as informações sobre o tempo de tramitação dos dois grupos de processos, verificou-se que as demandas em que foram concedidas as referidas vantagens, tiveram, na verdade, um período de tramitação médio, compreendido entre o protocolo e a data da sentença, equivalente ao tempo das demandas em que não havia benefício algum: *média de 1 ano, 2 meses e 24 dias (prioritários) e média de 1 ano, 2 meses e 1 dia (tramitação normal)* (Gomes Neto; Veiga, 2007).

Verificaram (quarta fase), naquela época[26], que a prioridade na tramitação dos processos dos idosos não acontecia, não por desprezo à lei, mas pela então ausência de rotinas administrativas no judiciário pernambucano para concretizá-la. O estudo mostrava a ineficiência do benefício: a prioridade não acontecia de fato, era um direito que ainda não tinha conseguido ultrapassar os obstáculos que a situação concreta lhe impunha (Gomes Neto; Veiga, 2007).

---

26. Embora tenha sido um estudo qualitativo realizado durante o período de tramitação física do processos, traz um *insight* interessante que poderia ser replicado nos tempos atuais, verificando, comparativamente, se a tramitação processual prioritária em favor dos idosos (hoje simultaneamente prevista no Código de Processo Civil de 2015 e no Estatuto do Idoso) ocorre efetivamente no ambiente do processo judicial eletrônico.

8.1.5 Iniciativas de cooperação financeira na América Latina (Alves; Biancarelli, 2020)[27]

Por que países se engajam em iniciativas de cooperação regional financeira (CRF) e por que eles as abandonam? Sob quais condições estes mecanismos surgem e como mudanças afetam a sua *performance*? Estas perguntas de pesquisa motivam o trabalho de Alves e Biancarelli, o qual mapeia mecanismos de CRF existentes na América Latina, com o objetivo de identificar condições conjunturais de demanda e oferta por trás da sua criação e evolução.

Da literatura *mainstream* de relações internacionais, os autores identificam as três explicações habituais sobre o surgimento de mecanismos de cooperação regional: competição de poder (neorrealistas), percepção de benefícios mútuos (neoinstitucionalistas liberais), e sentimento de pertencimento (construtivismo). Os autores também abordam a criação de CRFs a partir de uma perspectiva econômica de demanda e oferta. Do ponto de vista da oferta, a criação de instituições regionais envolve vários elementos, como beneficiários, instrumentos de cooperação, recursos mobilizados, desenho institucional, processos decisórios e prazos de pagamentos. Tais elementos afetam o funcionamento dessas instituições, porque influenciará na redução ou aumento de custos de empréstimos e pagamentos e poderá garantir maior influência para um ator político-econômico com mais capacidades à disposição, tornando a sua criação, frequentemente, resultado de um longo processo de negociação.

A literatura explorada pelos autores, além de discutir as razões da criação de instituições internacionais, analisa quando ocorrem mudanças institucionais. Para os neorrealistas, a mudança institucional é um produto das mudanças na distribuição de capacidades estatais ou das mudanças dos interesses e preferências dos estados mais poderosos. Neoinstitucionalistas, por outro lado, veem a mudança institucional como uma função do aprendizado institucional, de mudanças nas

---

27. Disponível em:https://t.ly/KXUx

condições externas ou devido à emergência de novos problemas. Por fim, os construtivistas veem a mudança institucional como resultante de mudanças das normas compartilhadas entre os membros da CRF.

Para examinar como efetivamente se dá esta evolução institucional dos casos de CRF, Alves e Biancarelli identificam seus 14 casos no continente latino-americano. Como se pode ver na tabela abaixo, metade dos mecanismos foram criados no final dos anos de 1950 e ao longo dos anos de 1960, e apenas 3 dos 14 não existem mais.

Tabela 17 – List of financial cooperation mechanisms of Latin America

Short-term financing	Creation	Dissolution
Agreement on Reciprocal Payments and Credits of Aladi (CCR)	1966	-
Clearance Arrangement of Central America	1969	1984
Central American Fund for Monetary Stabilization (Focem)	1969	1984
American Banking Acceptance (Abla)	1969	1984
Latin American Reserve Fund (Flar)	1978	-
Brazil-Argentina Local Currency Payment System (SML)	2006	-
Fund for Structural Convergence (Focem)	2006	-
Regional Clearance Unitary System (Sucre)	2008	-
Development financing	**Creation**	**Dissolution**
Inter-American Development Bank (IDB)	1959	-
Central American Bank for Economic Integration (Cabei)	1960	-
Development Bank of Latin America (CAF)	1969	-
Plata Basin Financial Development Fund (Fonplata)	1971	-
Bank of the South	2007	-
Alba Bank	2008	-

Fonte: Own work.

A comparação entre os 14 casos permitiu identificar as variáveis importantes para explicar os mecanismos de CRF na América Latina: demanda por maior participação e sentimento de pertencimento, capacidade política e material de um *paymaster* e coordenação macroeconômica. Assim, os autores propõem a seguinte resposta ao problema de pesquisa: a *performance* dos mecanismos de CRF não pode ser explicada exclusivamente por fatores econômicos. É necessário examinar também as condições de criação e evolução desses mecanismos, como informa a literatura mais tradicional em relações internacionais, observando elementos de oferta e demanda e fatores presentes em conjunturas críticas, o que permite uma visão mais apropriada do que acontece com essas instituições. Além dos cenários econômicos cíclicos favoráveis em momentos específicos e do objetivo comum de redução de custos de transação, algumas ferramentas e objetivos estiveram na mira dos países ao desenvolverem os mecanismos de cooperação regional financeira. Com pequenas variações, todos eles objetivam aumentar as reservas internacionais, o que parece ter sido a principal motivação para a existência de 14 diferentes mecanismos no continente latino-americano.

Os 14 casos examinados não tiveram o mesmo sucesso. Apesar da grande demanda por eles, a necessidade econômica não é suficiente para garantir o seu bom funcionamento e, frequentemente, esbarram em obstáculos políticos ao seu funcionamento, principalmente de natureza doméstica. Portanto, no caso específico da América Latina, a criação e evolução de mecanismos de CRF podem ser explicados por demandas materiais por projetos regionais, a oferta de liderança política, coordenação macroeconômica e um conjunto de condições extrarregionais com efeito de gatilho. Os autores concluem que, caso uma dessas condições não esteja presente, há grandes chances de o mecanismo não funcionar adequadamente ou mesmo ser extinto.

É importante lembrar!

- O estudo de caso múltiplo permite uma compreensão mais sutil do tópico sob investigação em confronto com aquela que poderia ser alcançada apenas por meio de estudos de caso individuais.
- As comparações qualitativas oferecem uma oportunidade para determinar padrões nos dados que adicionam ou estendem a aplicação da teoria, ou enriquecem e refinam a estrutura teórica.
- A investigação de vários casos, por sua vez, *não tem a pretensão da representação estatística*, mas é uma estratégia metodológica para produzir comparação entre diferentes complexidades em torno de um problema comum. A delimitação não segue propriamente critérios probabilísticos. *Buscam-se variações, e não uniformidade.*

Referências

AALTIO, I.; HEILMANN, P. Case Study as a Methodological Approach. *In*: MILLS, A.J.; DUREPOS, G.; WIEBE, E. (eds.). *Encyclopedia of Case Study Research*. Nova York: Sage, 2010.

AGOSTINIS, G. Regional intergovernmental organizations as catalysts for transnational policy diffusion: the case of Unasur Health. *Journal of Common Market Studies*, vol. 57, n. 5, p. 1.111-1.129, 2019.

ALMEIDA, R. Estudo de caso: foco temático e diversidade metodológica. *In*: CEBRAP. *Métodos de Pesquisa em Ciências Sociais: bloco qualitativo*. São Paulo: Sesc São Paulo/Cebrap, 2016.

ALVES, E.E.C.; BIANCARELLI, A.M. Financial cooperation initiatives in Latin America: conditions of origins, subsistence and eventual vanishing. *Economics and Business Review*, vol. 6, n. 4, p. 51-71, 2020.

ALVES, E.E.C.; STEINER, A.Q. The economic aspects of renewable energy policies in developing countries: an overview of the Brazilian wind power industry. *In*: WALKER, T.; SPRUNG-MUCH, N.; GOUBRAN, S. (eds.). *Environmental policy: an Economic perspective*. Nova Jersey: Wiley & Sons, 2020.

ALVES, E.E.C. *et al.* Do non-state actors influence climate change policy? – Evidence from the Brazilian nationally determined contributions for COP21. *Journal of Politics in Latin America*, vol. 14, n. 1, 2022.

ANTUNES, L.R. Ouvidorias do SUS no processo de participação social em saúde. *Revista Saúde Coletiva*, São Paulo, vol. 5, n. 26, p. 238-241, jan. fev./2008.

AZEVEDO, R.G. Juizados especiais criminais: uma abordagem sociológica sobre a informalização da justiça penal no Brasil. *Revista Brasileira de Ciências Sociais*, vol. 16, p. 97-110, 2001.

BLEIJENBERG, I. Case Selection. *In*: MILLS, A.J.; DUREPOS, G.; WIEBE, E. (eds.). *Encyclopedia of Case Study Research*. Nova York: Sage, 2010.

BRADY, H.E.; COLLIER, D.; SEAWRIGHT, J. Refocusing the discussion of methodology. *In*: BRADY, H.E.; COLLIER, D. (eds.). *Rethinking social inquiry: Diverse tools, shared standards*. Lanham: Rowman and Littlefield, 2004.

BREM, A. Case Study as a Teaching Tool. *In*: MILLS, A.J.; DUREPOS, G.; WIEBE, E. (eds.). *Encyclopedia of Case Study Research*. Nova York: Sage, 2010.

CAMPBELL, S. Comparative Case Study. *In*: MILLS, A.J.; DUREPOS, G.; WIEBE, E. (eds.). *Encyclopedia of Case Study Research*. Nova York: Sage, 2010.

CANE, P.; KRITZER, H. (eds.). *The Oxford handbook of empirical legal research*. Oxford, OUP: 2012.

CARVALHO, E.C. *et al*. Covid-19 pandemic and the judicialization of health care: an explanatory case study. *Revista Latino-Americana de Enfermagem*, vol. 28, 2020.

CEBRAP. *Métodos de pesquisa em ciências sociais: bloco qualitativo*. São Paulo: Sesc São Paulo/Cebrap, 2016.

CHEIBUB, Z.B. Reforma administrativa e relações trabalhistas no setor público: dilemas e perspectivas. *Revista Brasileira de Ciências Sociais*, vol. 15, p. 115-146, 2000.

CHMILIAR, L. Case Study Surveys. *In*: MILLS, A.J.; DUREPOS, G.; WIEBE, E. (eds.). *Encyclopedia of Case Study Research*. Nova York: Sage, 2010.

COLLIER, D.; BRADY, H.E.; SEAWRIGHT, J. Critiques, responses, and trade-offs: Drawing together the debate. *In*: BRADY, H.E.; COLLIER, D. (eds.). *Rethinking social inquiry: Diverse tools, shared standards*. Lanham: Rowman and Littlefield, 2004.

DAHL, R.A. *Who governs? – Democracy and power in an American city*. New Haven: Yale University Press, 2005.

DA SILVA, L.; GOMES, A.B.P. Entre a especificidade e a teorização: a metodologia do estudo de caso. *Revista Teoria & Sociedade*, vol. 22, n. 2, 2014.

DINÚ, V.C.D.; MELLO, M.M.P. Afinal, é usuário ou traficante? – Um estudo de caso sobre discricionariedade e ideologia da diferenciação. *Revista Brasileira de Direito*, vol. 13, n. 2, p. 194-214, 2017.

DOYLE, A.C. *Las aventuras de Sherlock Holmes*. Ciudad de México: Porrúa, 2003.

ECKSTEIN, H. Case study and theory in political science. *In*: GREENSTEIN, F.I.; POLSBY, N.W. (eds.). *Handbook of Political Science*. Vol. 1. Reading: Addison-Wesley, 1975.

ELLET, W. *The case study handbook: How to read, discuss, and write persuasively about cases*. Cambridge: Harvard Business Press, 2018.

ERIKSSON, P.; KOVALAINEN, A. Case Study Research in Business and Management. *In*: MILLS, A.J.; DUREPOS, G.; WIEBE, E. (eds.). *Encyclopedia of Case Study Research*. Nova York: Sage, 2010.

FARIA, C.A.P. O Itamaraty e a política externa brasileira: do insulamento à busca de coordenação dos atores governamentais e de cooperação com os agentes societários. *Contexto Internacional*, vol. 34, n. 1, p. 311-355, 2012.

FERREIRA, M.A. *Análise de política externa em perspectiva: atores, processos e novos temas*. João Pessoa: UFPB, 2020.

FLICK, U. *Designing qualitative research*. Londres: Sage, 2007.

GERRING, J. What is a case study and what is it good for? *American Political Science Review*, vol. 98, n. 2, p. 341-354, 2004.

GERRING, J. *Case study research: Principles and practices*. Cambridge: Cambridge University Press, 2017.

GIL, A.C. *Estudo de caso*. São Paulo: Atlas, 2009.

GILLHAM, B. *Case study research methods*. Londres: Bloomsbury Publishing, 2000.

GOMES, R. *et al*. Êxitos e limites na prevenção da violência: estudo de caso de nove experiências brasileiras. *Ciência & Saúde Coletiva*, vol. 11, p. 1.291-1.302, 2007.

GOMES, J.M.W.; CARVALHO, E.; BARBOSA, L.F.A. Políticas públicas de saúde e lealdade federativa: STF afirma protagonismo dos governadores no enfrentamento à covid-19. *Revista Direito Público*, v. 17, n. 94, 2020.

GOMES JÚNIOR, R.L.S. Caso "Mendes Júnior *vs*. Banco do Brasil". *Casoteca FGV Direito SP*, São Paulo, 2011.

GOMES NETO, J.M.W.; BARBOSA, L.F.A.; PAULA FILHO, A.A. *O que nos dizem os dados? – Uma introdução à pesquisa jurídica quantitativa*. Petrópolis: Vozes, 2023.

GOMES NETO, J.M.W.; LIMA, F.D.S. Das 11 ilhas ao centro do arquipélago: os superpoderes do presidente do STF durante o recesso judicial e férias. *Revista Brasileira de Políticas Públicas*, vol. 8, n. 2, p. 740-756, 2018.

GOMES NETO, J.M.W.; VEIGA, A.C.G. Crítica aos dispositivos processuais contidos no Estatuto do Idoso: um estudo de caso frente ao acesso à justiça. *Revista de Processo*, vol. 32, n. 143, p. 253-274, 2007.

GOMM, R. *et al*. (eds.). *Case study method: Key issues, key texts*. Nova York: Sage, 2000.

GONÇALVES, F.N.; PINHEIRO, L. *Análise de política externa: o que estudar e por quê?* Curitiba: Intersaberes, 2020.

HAMEL, J. et al. *Case study methods.* Londres: Sage, 1993.

HANCOCK, D.R.; ALGOZZINE, B.; LIM, J.H. *Doing case study research: A practical guide for beginning researchers.* Nova York: Teachers College Press, 2021.

HARDER, H. Explanatory case studies. *In*: MILLS, A.J.; DUREPOS, G.; WIEBE, E. (eds.). *Encyclopedia of Case Study Research.* Nova York: Sage, 2010.

HOMER-DIXON, T.F. Strategies for Studying Causation in Complex Ecological-Political Systems. *The Journal of Environment Development*, Thousand Oaks, vol. 5, n. 2, p. 132-148, jun./1996.

HYETT, N.; KENNY, A.; DICKSON-SWIFT, V. Methodology or method? – A critical review of qualitative case study reports. *International Journal of Qualitative Studies on Health and Well-being*, vol. 9, n. 1, p. 23.606, 2014.

INSTITUTO NACIONAL DE PESQUISAS ESPACIAIS (INPE). *Prodes Digital.* São José dos Campos, 2008. Disponível em: http://www.obt.inpe.br/prodesdigital/metodologia.html Acesso em: 30/04/2023.

JUNQUEIRA, C.G.B. Paradiplomacia: a transformação do conceito nas relações internacionais e no Brasil. *BIB*, n. 83, p. 43-68, 2018.

LAW, D. Constitutions. *In*: CANE, P.; KRITZER, H. (eds.). *The Oxford handbook of empirical legal research.* Oxford: OUP, 2012.

LIMA, F.D.S.; GOMES NETO, J.M.W. Poder de agenda e estratégia no stf: uma análise a partir da decisão liminar nos mandados de segurança n. 34.070 e n. 34.071. *In*: MARTINS, A.C.M.; NASCIMENTO, G.A.F.; RAMOS, R.B. (orgs.). *Constituição e democracia II.* Florianópolis: Conpedi, 2016,

LOPES, D.B.; FARIA, C.A.P. When foreign policy meets social demands in Latin America. *Contexto Internacional*, vol. 38, n. 1, p. 11-53, 2016.

MACHADO, D.B. Sete elementos do processo de seleção de casos: contribuições para um maior rigor e transparência nas Ciências Sociais. *Revista Brasileira de Ciência Política*, n. 36, p. 1-32, 2021.

MACHADO, M.R. O estudo de caso na pesquisa em direito. In: MACHADO, M.R. (org.). *Pesquisar empiricamente o direito*. São Paulo: Reed, 2017.

MEDEIROS, M.A.; MEIRA DE OLIVEIRA, M.E.P. O Papel da descentralização no desenvolvimento da paradiplomacia regional: o caso de Poitou-Charentes. *Revista Política Hoje*, vol. 19, n. 2, dez./2010.

MELO, M.A. Escolha institucional e a difusão dos paradigmas de política: o Brasil e a segunda onda de reformas previdenciárias. *Dados*, vol. 47, p. 169-205, 2004.

MELO, M.A. O sucesso inesperado das reformas de segunda geração: federalismo, reformas constitucionais e política social. *Dados*, vol. 48, p. 845-889, 2005.

MESQUITA, R. Brazilian regional leadership revisited: testing the long-term determinants of South American followership (1995-2015). *Bulletin of Latin American Research*, vol. 40, n. 3, p. 446-464, 2021.

MILES, M.B. et al. *Qualitative Data Analysis. A Methods Sourcebook*. Los Ângeles/Londres/Nova Delhi/Singapura/Washington DC: Sage, 2014.

MILLS, A.J.; DUREPOS, G.; WIEBE, E. (eds.). *Encyclopedia of Case Study Research*. Nova York: Sage, 2010.

MITCHELL, R.; BERNAUER, T. Empirical Research on International Environmental Policy: Designing Qualitative Case Studies. *Journal of Environment & Development*, Thousand Oaks, vol. 7, n. 1, p. 4-31, mar./1998.

OLIVEIRA, T.M.; GOMES NETO, J.M.W.; BARROS, A.D.L. The highest caste on the defendant's seat: Comparative institutional analysis of jurisdictional privileges in Latin American countries. In: MENON, G. et al. (eds.) *Sociologia do constitucionalismo latino-americano*. São Paulo: Edusp, 2022.

PRATES, R.C.; SERRA, M. O impacto dos gastos do governo federal no desmatamento no Estado do Pará. *Nova Economia*, vol. 19, p. 95-116, 2009.

PRICE, H. Dahl: Who governs? *The Yale Law Journal*, vol. 71, p. 1.589-1.596, 1962.

PUTNAM, R.D. *Jogando boliche sozinho: colapso & ressurgimento da coletividade americana*. São Paulo: Instituto Atuação, 2015.

RAGIN, C.C. "Casing" and the process of social inquiry. *In*: RAGIN, C.C. et al. (eds.). *What is a case? – Exploring the foundations of social inquiry*. Cambridge: Cambridge University Press, 1992.

RAGIN, C.C. *Redesigning social inquiry*. Chicago: University of Chicago Press, 2009.

RAGIN, C.C.; BECKER, H.S. (eds.). *What is a case?: exploring the foundations of social inquiry*. Cambridge: Cambridge University Press, 1992.

RAMANZINI JR., H.; FARIAS, R.S. *Análise de política externa*. São Paulo: Contexto, 2021.

RAUPP, F.M.; PINHO, J.A.G. Construindo a *accountability* em portais eletrônicos de câmaras municipais: um estudo de caso em Santa Catarina. *Cadernos Ebape.Br*, vol. 9, p. 116-138, 2011.

REZENDE, F.C. Razões emergentes para a validade dos estudos de caso na Ciência Política comparada. *Revista Brasileira de Ciência Política*, n. 6, p. 297-337, 2011.

REZENDE, F.C. Fronteiras de integração entre métodos quantitativos e qualitativos na Ciência Política comparada. *Revista Teoria & Sociedade*, vol. 22, n. 2, 2014.

ROSENBLATT, F.F. Lançando um olhar empírico sobre a justiça restaurativa: alguns desafios a partir da experiência inglesa. *Revista Brasileira de Sociologia do Direito*, vol. 1, n. 2, 2014.

SALOMÓN, M.; PINHEIRO, L. Análise de política externa e política externa brasileira: trajetória, desafios e possibilidades de um campo de estudos. *Revista Brasileira de Política Internacional*, vol. 56, n. 1, p. 40–59, 2013.

SANDES-FREITAS, V.E.V. et al. Combate à pandemia da covid-19 e sucesso eleitoral nas capitais brasileiras em 2020. *Revista Brasileira de Ciência Política*, n. 36, 2021.

SEAWRIGHT, J.; GERRING, J. Case selection techniques in case study research: A menu of qualitative and quantitative options. *Political Research Quarterly*, vol. 61, n. 2, p. 294-308, 2008.

SHANAHAN, M.-C. Cross-Sectional Design. *In*: MILLS, A.J.; DUREPOS, G.; WIEBE, E. (eds.). *Encyclopedia of Case Study Research*. Nova York: Sage, 2010.

SILVA, A.H.L. *Globalização militar e a ordem militar internacional: comparando as indústrias de defesa do Brics (Brasil, Rússia, Índia, China e África do Sul)*. Tese de doutorado. Niterói: UFF, 2015.

SILVA, R.C.C.; PEDROSO, M.C.; ZUCCHI, P. Ouvidorias públicas de saúde: estudo de caso em ouvidoria municipal de saúde. *Revista de Saúde Pública*, São Paulo, vol. 48, n. 1, p. 134-141, fev./2014.

SILVA, R.F.; GOMES NETO, J.M.W. Educação Infantil na pandemia da covid-19: análise empírica do retorno ao atendimento presencial em creches e pré-escolas em Recife. *Zero-a-seis*, vol. 24, n. 46, p. 1.409-1.435, 2022.

SIMONS, H. *El estudio de caso: teoría y práctica*. Madri: Morata, 2009.

STAKE, R.E. The case study method in social inquiry. *Educational Researcher*, vol. 7, n. 2, p. 5-8, 1978.

STAKE, R.E. *Investigación con estudio de casos*. Madri: Morata, 1999.

STEINER, A. O uso de estudos de caso em pesquisas sobre política ambiental: vantagens e limitações. *Revista de Sociologia e Política*, vol. 19, n. 38, p. 141-158, 2011.

STREB, C.K. Exploratory Case Study. *In*: MILLS, A.J.; DUREPOS, G.; WIEBE, E. (eds.). *Encyclopedia of Case Study Research*. Nova York: Sage, 2010.

TEIXEIRA JÚNIOR, A.W.M.; SILVA, A.H.L. Explaining defense cooperation with process-tracing: the Brazilian proposal for the creation of Unasur South American Defense Council. *Revista Brasileira de Política Internacional*, vol. 60, n. 2, p. 2017.

TELES FILHO, R.V. Phineas Gage's legacy. *History Note*, vol. 14, n. 4, p. 419-421, 2020.

TOBIN, R. Descriptive case study. *In*: MILLS, A.J.; DUREPOS, G.; WIEBE, E. (eds.). *Encyclopedia of Case Study Research*. Nova York: Sage, 2010.

TOCQUEVILLE, A. *A democracia na América*. São Paulo: Edipro, 2019.

TRAVERS, M. *Qualitative research through case studies*. Londres: Sage, 2001.

VAIRO, D. "Together but not married": the effects of constitutional reform inside political parties. *Revista Uruguaya de Ciencia Política*, vol. 4, 2008.

VENNESSON, P. Case studies and process tracing: theory and practice. *In*: DELLA PORTA, D.; KEATING, M. *Approaches and methodologies in the social sciences: a pluralist perspective*. Cambridge: Cambridge University Press, 2008.

VENTURA, M.M. O estudo de caso como modalidade de pesquisa. *Revista SoCerj*, vol. 20, n. 5, p. 383-386, 2007.

WEBER, M. *A ética protestante e o espírito do capitalismo*. Petrópolis: Vozes, 2020.

WICKS, D. Coding: Axial Coding. *In*: MILLS, A.J.; DUREPOS, G.; WIEBE, E. (eds.). *Encyclopedia of Case Study Research*. Nova York: Sage, 2010.

WIEVIORKA, M. Case studies: history or sociology? *In*: RAGIN, C.C.; BECKER, H.S. (eds.). *What is a case?: exploring the foundations of social inquiry*. Cambridge University Press, 2009.

WINAND, É.C.A. *Diplomacia e defesa na gestão Fernando Henrique Cardoso (1995-2002): história e conjuntura na análise das relações com a Argentina*. São Paulo: Unesp, 2016.

WOICESHYN, J. Causal Case Study: Explanatory Theories. *In*: MILLS, A.J.; DUREPOS, G.; WIEBE, E. (eds.). *Encyclopedia of Case Study Research*. Nova York: Sage, 2010.

YIN, R.K. *Estudo de caso: planejamento e métodos*. Porto Alegre: Bookman, 2001.

YIN, R.K. *Applications of case study research*. Nova York: Sage, 2003.

ZÜRN, M. The Rise of International Environmental Politics: A Review of Current Research. *World Politics*, Baltimore, vol. 50, n. 4, p. 617-649, jul./1998.

Conecte-se conosco:

f facebook.com/editoravozes

⊙ @editoravozes

𝕏 @editora_vozes

▶ youtube.com/editoravozes

© +55 24 2233-9033

www.vozes.com.br

Conheça nossas lojas:
www.livrariavozes.com.br

Belo Horizonte – Brasília – Campinas – Cuiabá – Curitiba
Fortaleza – Juiz de Fora – Petrópolis – Recife – São Paulo

  Vozes de Bolso

EDITORA VOZES LTDA.
Rua Frei Luís, 100 – Centro – Cep 25689-900 – Petrópolis, RJ
Tel.: (24) 2233-9000 – E-mail: vendas@vozes.com.br